李开复给青少年的十二封信

李开复 ㊔

浙江少年儿童出版社·杭州

图书在版编目（CIP）数据

李开复给青少年的十二封信/李开复著. —杭州：浙江少年儿童出版社，2020. 1
ISBN 978-7-5597-1813-6

Ⅰ. ①李… Ⅱ. ①李… Ⅲ. ①成功心理—青少年读物
Ⅳ. ①B848. 4-49

中国版本图书馆 CIP 数据核字（2019）第 281437 号

责任编辑：胡小芳
美术编辑：赵　琳
装帧设计：潘　洋
责任校对：苏足其
责任印制：王　振

李开复给青少年的十二封信
LI KAIFU GEI QINGSHAONIAN DE SHIER FENG XIN
李开复 著

浙江少年儿童出版社出版发行
杭州市天目山路 40 号
杭州杭新印务有限公司印刷
全国各地新华书店经销
开本 710mm×1000mm　1/16
印张 15. 5
字数 188000
印数 1—50000
2020 年 1 月第 1 版
2020 年 1 月第 1 次印刷
ISBN 978-7-5597-1813-6
定价：48. 00 元
（如有印装质量问题，影响阅读，请与承印厂联系调换）
承印厂联系电话：0571-87640154

人工智能

先行者

李开复首部给青少年的书信集

目录

主 题　谈人工智能时代的人生意义

如果不想在 AI 时代失去人生的价值与意义，如果不想成为“无用”的人，唯有从现在开始，找到自己的独特之处，拥抱人类的独特价值，成为在情感、性格、素养上都更加全面的人。AI 来了，有思想的人生并不会因此而黯然失色。

发件人：李开复

KAI-FU LEE

第 一 封 信

谈人工智能时代的人生意义

亲爱的同学们，你们将成长于人工智能（Artificial Intelligence，简称AI）高速发展的时代，你们将要面临的是和我们现在所处的很不一样的社会。AI 无处不在，人机协作随处可见，AI 可以帮助我们做更多的工作，人类有更多富余的时间去追随自己的兴趣，享受人生。但是，因为有很多工作被 AI 取代，人类不得不面临严重的失业问题。很多人不免疑惑，在 AI 时代，既然人类的很多工作机器都能做，那么人类做什么呢？ 人类可以这样轻易地被 AI 取代，那么人类的价值该如何体现呢？ 人类活着的意义是什么呢？ 在这封信里，我想和你们谈谈人工智能时代的人生意义。

很多同学会觉得机器人离我们还很远，但是请抛开人工智能就是人形机器人的固有偏见，然后，打开你的手机，我们来看一看，已经变成每个人生活的一部分的智能手机里，到底藏着多少人工智能的神奇魔术。

你一定尝试过跟苹果 Siri 对话吧？ 你是不是经常被它还比较灵活的回答逗得哈哈大笑；当你在手机应用里看新闻，用淘宝、亚马逊购物，你会不会觉得它很了解你，总是向你推送你感兴趣的内容，就像是你的私人

“管家”一样；你一定用过美图秀秀，点击它的一键功能，你可以瞬间变成各种有趣的样子；你一定使用过手机地图，只要输入目的地，就能获取各种路线到达目的地……

这些神奇的魔术都是基于人工智能技术。在小小的手机屏幕上，人工智能已经无处不在了。

类似于 Siri 这样的人工智能助理应用，还有微软小冰等，它们的语音识别能力、语音合成技术、基于大语料库的自然语言对话引擎，都有非常独到的地方。虽然它们的智慧程度远远比不上人类，更多时候是在事先积累的人类对话库和互联网资料库中，查找最有可能匹配的回答，在一些复杂的上下文对话中，它们甚至答非所问，但是不可否认，这些智能助理程序已经展现出了初步的与人类沟通的能力。

看热点新闻是很多人每天必做的事情，像“今日头条”这类的新闻类应用之所以火爆，也是因为其采用了人工智能技术，应用程序可以聪明地归纳每个人看新闻时的习惯、爱好，然后给你推送相关的内容。这些智能推荐功能做得越好，你越会觉得它懂你的心思。而且，现在相当数量的新闻内容是由计算机上的人工智能程序写的。自动撰写的新闻稿件不仅可以节省记者和编辑的大量劳动，而且在应对突发事件时表现出计算机的“闪电速度”。比如 2014 年 3 月 17 日的洛杉矶地震，地震发生后不到三分钟，《洛杉矶时报》就在网上发布了一则有关这次地震的详细报道，该新闻之所以能在如此快的时间里发出，可以归功于不眠不休工作的人工智能新闻撰写程序。在地震发生的瞬间，计算机就从地震台网的数据接口中获得了有关地震的所有数据，然后飞速生成英文报道全文。刚刚从睡梦中惊醒的记者一睁眼就看到了屏幕上的报道文稿，他快速审阅后用鼠标点击了“发布”按钮。一篇自动生成并由人工复核的新闻稿件就这样在第一时间快速面世。

2016 年年底，亚马逊宣布了一个几乎震惊整个科技界的大新闻：亚马逊开办了一家不用排队、不用结账、拿了东西就可以走人的小超市，名字叫亚马逊 Go。这是一家利用人工智能技术管理的小超市，你走进去，拿你想拿的东西，不用付账就可以走出去。超市的每个货架都布满摄像头等传感器，它们利用机器视觉技术记住每个顾客到底都拿了哪些商品，顾客出门时，再根据人脸识别辨认出来顾客的身份，自动到顾客预先关联的结算方式（如银行卡）上结账。顾客的整个购物过程，完全可以不用排队，不用亲自结账。

2017 年春节前夕，阿里巴巴在公司的西溪园区，展示了一个能够自动创作春联的机器人——阿里云人工智能 ET。这个阿里云人工智能 ET 可不简单，它不但会根据之前学习的书法风格现场挥毫泼墨，而且它写出来的春联内容，也是由人工智能算法根据人类体验者的具体要求，现场创作出来的。人工智能算法既可以写出很有传统意味的春联，如“九州天空花俊丽，未央云淡人泰康”，也可以根据体验者的要求，写出颇具调侃意味的词句，如“貌赛西溪吴彦祖，才及阿里风清扬”，真是妙趣横生。

也许你现在正在为垃圾分类头疼，在实行垃圾分类规定的初期，很容易出现垃圾误投的情况。针对手动分类效率低、投放错误等问题，研究者已经研发出了一些在垃圾分类领域应用的机器人。比如，一类机器人基于视觉分析系统对垃圾进行分类，获取物品的视觉信息，然后利用人工智能进行鉴别，根据物品的化学成分、大小、价值和位置来确定分拣的优先级，确保取得最优结果；判断完毕后，机器人便可以进行分拣。另一类机器人可以通过触摸的方式区分纸张、金属和塑料，在垃圾分选的过程中，机器人对物体进行扫描，并用传感器测量物体尺寸；机器人使用其手臂上的两根柔软的手指挤压物体以完成抓取，而手指上的压力传感器能够测量抓住物体所需要的力，并以此确定材料刚度。最后，将扫描结果与压力传感器获得的数据相互对比匹配，分辨出物体材质后，机器人会将其投入正确的垃圾箱。除此之外，人类正在努力开发一些人工智能系统以便使人能够从局部视觉线索识别垃圾。比如，一个人拿着可乐罐或者薯片时，系统可以对人手中的垃圾进行识别。根据识别和分析结果，系统能对用户的投放行为进行指导，并与用户形成互动。如果成功完成分类，屏幕上会撒满五彩纸屑或分享一些福利、折扣二维码。如果分类错误，机器人会提出批评，还会在屏幕上显示一个暗红色的标志，提醒用户犯了错误。有的人工智能除了自动分拣、消除人为的垃圾分拣错误外，还能监控垃圾流向，对回收情况进行分析。这些人工智能系统用于垃圾分类的执行虽较为初级，但随着技术的不断提升与创新，相信在不远的将来，人工智能技术能够帮助人类完成更复杂的工作，在垃圾分类和资源利用领域发挥更大的作用。不仅在垃圾回收与资源再利用方面，对于其他环境问题，我们同样需要更加智能化的解决方案。AI 时代涌现的新技术和新思想，在高效解决环保问题的同时，能够帮助我们提高环保意识、培养环保的生活习惯。

很多电影和科幻小说中已经出现了由计算机算法自动驾驶的汽车、飞机和宇宙飞船，这让我们不禁想象，未来我们是否可以不考驾照，不雇司机，直接向汽车发布命令就可以便捷出行了呢？ 滴滴、优步打车等共享交通已经为我们揭示出了一些未来生活的样子，我们不妨可以大胆预测大多数汽车可以用共享经济的模式，随叫随到。因为不需要司机，这些车辆可以保证 24 小时待命，可以在任何时间、任何地点提供高质量的租用服务。这样一来，整个城市的交通情况会发生翻天覆地的变化。有了智能调度算法的帮助，共享汽车的使用率会接近 100%，城市里需要的汽车总量则会大幅减少。需要停放的共享汽车数量不多，只需要占用城市里有限的几个公共停车场的空间就足够了。停车难、大堵车等现象会因为自动驾驶共享汽车的出现而得到真正解决。那个时候，私家车只用于满足个人追求驾驶乐趣的需要，就像今天人们会到郊区骑自行车锻炼身体一样。

更重要的是，汽车本身的形态也会发生根本性的变化。一辆不需要方向盘、不需要司机的汽车，可以被设计成前所未有的样子。比如，因为大部分出行都是一两个人，共享的自动驾驶汽车完全可以设计成比现在汽车小很多，仅供一两个人乘坐的舒适“座舱”，这可以节省大量道路空间。道路上，汽车和汽车之间可以通过“车联网”连接起来，完成许多有人驾驶不可能完成的工作。比如，许多部自动驾驶汽车可以在道路上排列成间距极小的密集编队，同时保持高速行进，统一对路面环境进行侦测和处理而不用担心追尾的风险。再如，一辆汽车在路面上可以通过自己的传感器发现另一辆汽车的故障，及时通知另一辆汽车停车检修。未来的道路也会按照自动驾驶汽车的要求来重新设计，专用于自动驾驶的车道可以变得更窄，交通信号可以更容易被自动驾驶汽车识别。在自动驾驶时代里，人们可以把以前驾驶汽车的时间用来工作、思考问题、开会、娱乐。一部分共享汽车可以设计成会议室的样子，人们既可以围坐在汽车里讨论问题，也可以在乘车时通过视频会议与办公室里的同事沟通。今天驾驶汽车时，人们最多只能听听广播或音乐。未来乘坐自动驾驶汽车的时间，人们完全可以用来享受汽车座椅内置的全身按摩服务，或者接入虚拟现实（VR）

设备来一次穿越奇幻世界的冒险。自动驾驶时代，人类生活将更有品质也更加快乐。

不难看到，我们的时代正进入这样一个前所未有的局面：随着科技的进步，人工智能可以代替人类做很多工作。汽车将不需要人类来驾驶，新闻不再由人来撰写，仓库由机器人来看管……很多人不免担忧，那人类能做什么呢？被机器人“抢”了工作，人类生存的意义是什么呢？

我认为，AI对于人生意义的挑战主要源于人类自身的心理感受。如果我们能在农耕时代接受骡马作为人类的合作对象，在现代社会接受机械、车船与人类共同协作，那为什么不能在人工智能时代接受AI这个好帮手呢？

回顾人类文明的发展历程，新科学、新技术总会在不破不立的因果链条中引发社会阵痛。奔驰之父德国人卡尔·弗里特立奇·本茨在1885年制成的世界上第一辆马车式三轮汽车就曾被人嘲讽为“散发着臭气的怪物”。我不算有神论者，但有时会乐观地认为，先进技术的出现，或是“造物主”的善意，或是人类集体意识的英明决策，一边把人类从旧的产业格局和繁重劳作中解放出来，一边如鞭策或督促一般，迫使人类做出种种变革。比如AI，它一边释放巨大的生产力，免除人类继续从事烦冗工作之苦，一边又在用可能出现的失业问题提醒人类：你应该学习新的前行方式了！

美剧《西部世界》是这样定义人类的进化和发展的：人类进化的原始动力靠的是自然界对各种进化错误（变异）的选择，优胜劣汰。当代科技发达，人类因变异而得的较低劣的生物特征也会被技术保全下来，进化动力已然失效。因为进化动力失效，人类也就失去了进一步进化的可能，总体上只能停留在目前的水准——人类必须不断思索自身存在的价值，寻找生物特征以外的生命意义。

我觉得，基于生物特征的进化也许快要成为过去时，但基于人类自身特点的“进化”才刚刚开始。人之所以为人，正是因为我们有感情、会思考、懂生死。而“感情”“思考”“自我意识”“生死意识”等人类特质，正是我们需要全力培养、发展与珍惜的东西。

科幻剧《真实的人类》里，合成人曾说：“我不惧怕死亡，这使得我比任何人类更强大。”而人类则说：“你错了。如果你不惧怕死亡，那你就从未活着，你只是一种存在而已。”这两句对白让我深有感触。我患癌症治疗期间，有一次化疗结束，我回台北家中休养。当时，台北刚刚入秋，阳光和煦，暖意融融，我的心情好极了。台北街头，处处绿意盎然。车子载着我在路面上轻快驶过，窗外树影斑驳，美得像梦一样不真实。我不禁在心里轻叹：“活着真好啊！”自罹患癌症以来，行过死荫的幽谷，重览人间的芳华，那是我第一次如此真实地体验到梦境般的美好感觉。我对生死也有了前所未有的深刻感受，与死神擦肩而过的经历让我意识到人工智能所不具备的人性。

AI 无法像人一样解悟生命的意义和死亡的内涵，AI 更无法像人一样因高山流水而逸兴遄飞，因秋风冷雨而怆然泪下，因子孙绕膝而充实温暖，因月上中天而感时伤怀……人脑中的情感、自我认知等思想都是机器所完全没有的，这是人与 AI 之间的质的不同。人类可以跨领域思考，可以在短短的上下文和简单的表达方式中蕴藏丰富的语义。当李清照说“雁字回时，月满西楼”的时候，她不仅仅是在描摹风景，更是在寄寓相思。当杜甫写出“同学少年多不贱，五陵衣马自轻肥”的句子时，他不仅仅是在感叹人生遭际，更是在阐发忧国之情。这些复杂的思想，只有人类自己才能感受得到，今天的 AI 完全无法理解。法国哲学家布莱兹·帕斯卡说过：“人只不过是一根苇草，是自然界最脆弱的东西；但他是一根能思想的苇草。用不着整个宇宙都拿起武器才能毁灭他；一口气、一滴水就足以致他死命了。然而，纵使宇宙毁灭了他，人却仍然要比致他于死命的东西高贵得多；因为他知道自己要死亡，以及宇宙对他所具有的优势，而宇宙对此却是一无所知。因而，我们全部的尊严就在于思想……”

借助车轮和风帆，人类在数百年前就周游了整个地球；借助火箭发动机，人类在数十年前就登临月球；借助计算机和互联网，人类创造了浩瀚缤纷的虚拟世界；借助 AI，人类也必将设计出一个全新的科技与社会蓝图，为每个有情感、有思想的普通人提供最大的满足感与成就感。在 AI 时代里，只会在某个狭窄领域从事简单工作的人，无论如何都无法与 AI 的效率和成本相比，必然会被机器所取代。因此，要想在时代竞争中立于不败之地，人类要不断提高自己，善于利用人类的特长，善于借助机器的能力。机器可以快速完成数学运算，可以下出极高水准的围棋，可以独立完成量化交易，甚至可以从事一些最初级的诗歌、绘画等艺术创作。但人类总是可以借助机器这个工具来提高自己，让自己的大脑在更高层次上完成机器无法完成的复杂推理、复杂决策以及复杂的情感活动。如果不想在 AI 时代失去人生的价值与意义，如果不想成为“无用”的人，唯有从现在开始，找到自己的独特之处，拥抱人类的独特价值，成为在情感、性格、素养上都更加全面的人。人生在世，我们所能知、能见、能感的实在是太有限了。也恰恰因为人类的生命有限，才使得人类每个个体的“思想”和“命运”都如此宝贵、如此独特。AI 时代，我们可以更多地借助机器和互联网的力量，更好地感知整个世界、整个宇宙，体验人生的诸多可能——这样才不枉我们短暂的生命在浩瀚宇宙中如流星般走过的这一程。的确，人只不过是一根苇草，但人却是一根能思想的苇草。

AI 来了，有思想的人生并不会因此而黯然失色。

主 题 谈人工智能时代的学习

人工智能时代，程式化的、重复性的、仅靠记忆与练习就可以掌握的技能将是最没有价值的技能，几乎一定可以由机器来完成；反之，那些最能体现人的综合素质的技能，例如，人对于复杂系统的综合分析、决策能力，对于艺术和文化的审美能力和创造性思维，由生活经验及文化熏陶产生的直觉、常识，基于人自身的情感（爱、恨、热情、冷漠等）与他人互动的能力……这些是人工智能时代最有价值，最值得培养、学习的技能。

发件人：李开复 ▼

KAI-FU LEE

第 二 封 信

谈人工智能时代的学习

过去我做了许多场关于人工智能发展趋势的演讲。讲到 AI 将在未来 10 年取代人类去做许多简单、低效的工作时，很多同学好奇地问我："AI 时代，我们到底该学什么，才不至于被机器'抢'了工作？"在人机相互协作、各自发挥特长的人工智能时代，过去填鸭式、机械式的学习已经不能满足激烈的竞争对人才的要求。在这封信里，我想跟你们分析人工智能的弱项，以及你们应该怎样学习才会发挥人类的优势，在未来的竞争中脱颖而出。

我的小女儿德亭曾经说过一段让我特别尊重、特别赞许的话。德亭很早就喜欢摄影，她 5 岁的时候得到了人生第一台相机，并从帮姐姐设计出来的漂亮时装拍照开始，逐渐拓展拍摄对象，很早就成了一个小摄影爱好者。她中学时很想以摄影作为自己的专业，但我担心她喜欢摄影只是为了逃避功课。申请大学前，我反复跟她讨论，并提醒她："你必须想清楚噢！专业摄影师很快就会被淘汰，现在摄影工具越来越方便，大家都可以轻易拍出好照片，专业摄影师的优势会渐渐消失。"可我没有料到，德亭很郑重地说了下面这段话："我做过调查了，目前在美国，一个专业摄影师的薪水比记者还要低，而记者的薪水相比其他各行业也越来越低了。可是爸爸，我愿意赚比较少的钱，做自己真正想做的事。每次背着沉甸甸的相机出去拍照，回来的时候虽然筋疲力尽，我却总是心花怒放。我非常庆幸生活在高科技时代，可以轻松拥有数码摄影以及低成本、大容量的存储设备，还有无处不在的网络，这些让我像一个装备齐全的猎人一样，捕捉我所有的感动，然后用心将图像提取出来。未来的摄影绝对不只是按下快门，而是要用新的眼光，让影像产生新的意义。而那绝对不是科技可以取代的。"

每当我思索人和机器共存的未来时，就总会想起德亭的这段话。的确，摄影技术再先进，照片画质再好，也取代不了摄影师内心因拍摄对象而产生的感动。这种感动可以赋予风景、人物、静物、街景以新的意义。即便以后有了人工智能照相机，可以自动帮助人完成捕捉美景、记录美好瞬间的任务，人的感动、人的审美、人的艺术追求也是机器无法取代的。在人机协作的时代，我们可以发挥人工智能的特长，将我们的时间和精力解放出来，做更多我们感兴趣的事。AI 虽然在很多领域表现出色，但是它们在有些领域，依然很薄弱。我想，只有深入了解人工智能的薄弱方面，我们才不至于因为人工智能的高速发展而乱了阵脚。

人工智能在以下几个方面的发展依然很薄弱：

1. 跨领域推理

和今天的 AI 相比，人有一个明显的智慧优势，就是举一反三、触类旁通的能力。很多人从孩提时代起，就已经建立了一种强大的思维能力——跨领域联想和类比。三四岁的小孩就会说"太阳像火炉一样热""兔子跑得飞快”，更不用提东晋才女谢道韫看见白雪纷纷，随口说出“未若柳絮因风起”的千古佳话了。以今天的技术发展水平，如果不是程序开发者专门用某种属性将不同领域关联起来，计算机自己是很难总结出“雪花”与“柳絮”，“跑”与“飞”之间的相似性的。人类强大的跨领域联想、类比能力是跨领域推理的基础。侦探小说中的福尔摩斯可以从嫌疑人的一顶帽子中遗留的发屑、沾染的灰尘，推理出嫌疑人的生活习惯，甚至家庭、婚姻状况。这种从表象入手，推导并认识背后规律的能力，是计算机目前还远远不能及的。利用这种能力，人类可以在日常生活、工作中解决非常复杂的具体问题。比如，一次商务谈判失败后，为了提出更好的谈判策略，我们通常需要从多个不同层面着手，分析谈判对手的真实诉求，寻找双方潜在的契合点，而这种推理、分析，往往混杂了技术方案、商务报价、市场趋势、竞争对手动态、谈判对手业务现状、当前痛点、短期和长期诉求、可能采用的谈判策略等不同领域的信息，我们必须将这些信息合理组织，并利用跨领域推理的能力，归纳出其中的规律，并制订最终的决策。这不是简单的基于已知信息的分类或预测问题，也不是初级层面的信息感知问题，而往往是在信息不完整的环境中，用不同领域的推论互相补足，并结合经验尽量做出最合理决定的过程。

为了进行更有效的跨领域推理，许多人都有帮助自己整理思路的好方法。比如，有人喜欢用思维导图来梳理信息间的关系；有人喜欢用大胆假设、小心求证的方式突破现有的思维定式；有人则喜欢用换位思考的方式，让自己站在对方或旁观者的立场上，从不同视角探索新的解决方案；有人则善于听取、整合他人的意见……人类使用的这些高级分析、推理、决策技巧，对于今天的计算机而言还显得过于高深。赢得德州扑克人机大战的人工智能程序在辅助决策方面有不错的潜力，但与一次成功的商务谈判所需的人类智慧相比，还是太初级了。

今天，一种名叫“迁移学习”（Transfer Learning）的技术正吸引越来越多研究者的目光。这种学习技术的基本思路就是将计算机在一个领域取得的经验，通过某种形式的变换，迁移到计算机并不熟悉的另一个领域。比如，计算机通过大数据的训练，已经可以在淘宝商城的用户评论里，识别出买家的哪些话是在夸奖一个商品好，哪些话是在抱怨一个商品差，那么，这样的经验能不能被迅速迁移到电影评论领域，不需要再次训练，就能让计算机识别电影观众的评论究竟是在夸奖一部电影，还是在批评一部电影呢？

迁移学习技术已经取得了一些初步的成果，但这只是计算机在跨领域思考道路上前进的一小步。一个能像福尔摩斯一样，从犯罪现场的蛛丝马迹，抽丝剥茧一般梳理相关线索，通过缜密推理破获案件的人工智能程序将是我们在这个方向上追求的终极目标。这项能力也是身处 AI 社会的你们需要重点去学习和培养的能力。

2. 抽象能力

皮克斯工作室 2015 年出品的动画电影《头脑特工队》中，有个有趣的细节：女主人公莱莉·安德森的头脑中，有一个奇妙的“抽象空间”，本来活灵活现的动画角色一走进这个抽象空间，就变成了抽象的几何图形甚至色块。在抽象空间里，本来血肉饱满的人物躯体，先是被抽象成了彩色积木块的组合，然后又被从三维压扁到二维，变成线条、形状、色彩等基本视觉元素。皮克斯工作室的这个创意实在是让人拍案叫绝。这段情节用大人、小孩都不难理解的方式解释了人类大脑中的“抽象”到底是怎么回事。

抽象对人类至关重要。漫漫数千年间，数学理论的发展更是将人类的超强抽象能力表现得淋漓尽致。最早，人类从计数中归纳出 1，2，3，4，5，…的自然数序列，这可以看作是一个非常自然的抽象过程。人类抽象能力的第一个进步，大概是从理解“0”的概念开始的，用 0 和非 0，来抽象现实世界中的无和有、空和满、静和动……这个进步让人类的抽象能力远远超出了黑猩猩、海豚等动物界中的“最强大脑”。接下来，发明和使用负数一下子让人类对世界的归纳、表述和认知能力提高到了一个新的层次，人们第一次可以定量描述相反或对称的事物的属性，比如温度的正负、水面以上和以下等。引入小数、分数的意义自不必说，但其中最有标志性的事件，莫过于人类可以正确理解和使用无限小数。比如，对于 1 = 0.999999…这个等式的认识（很多数学不好的人总是不相信这个等式居然是成立的。），标志着人类真正开始用极限的概念来抽象现实世界的相关特性。至于用复数去理解类似 $(x+1)^2+9=0$ 这类原本难以解释的方程式，或者用张量（Tensor）去抽象高维世界的复杂问题，即便是人类，也需要比较聪明的个体以及比较长期的学习才能透彻、全面掌握。

计算机所使用的二进制数字、机器指令、程序代码等，其实都是人类对“计算”本身所做的抽象。基于这些抽象，人类成功地研制出如此众多且实用的人工智能技术。那么，AI 能不能自己学会类似的抽象能力呢？就算把要求放低一些，计算机能不能像古人那样，用质朴却不乏创意的“一生二、二生三、三生万物”来抽象世界变化，或者用“白马非马”之类的思辨来探讨具象与抽象间的关系呢？

目前的深度学习技术，几乎都需要大量训练样本来让计算机完成学习过程。可人类，哪怕是小孩子要学习一个新知识时，通常只要两三个样本就可以了。这其中最重要的差别，也许就是抽象能力的不同。比如，一个小孩子看到第一辆汽车时，他的大脑中就会像《头脑特工队》的抽象工厂一样，将汽车抽象为一个盒子装在四个轮子上的组合，并将这个抽象后的构型印在脑子里。下次再看到外观差别很大的汽车时，小孩子仍可以毫不费力地认出那是一辆汽车。计算机就很难做到这一点，或者说，我们目前还不知道怎么教计算机做到这一点。人工智能界，少样本学习、无监督学习方向的科研工作，目前的进展还很有限。但是，不突破少样本、无监督的学习，我们也许就永远无法实现人类水平的人工智能。

3. 知其然，也知其所以然

目前基于深度学习的人工智能技术，经验的成分比较多。输入大量数据后，机器自动调整参数，完成深度学习模型，在许多领域确实达到了非常不错的效果，但模型中的参数为什么如此设置，里面蕴含的更深层次的道理等，在很多情况下还较难解释。拿谷歌的 AlphaGo 来说，它在下围棋时，追求的是每下一步后，自己的胜率超过 50%，这样就可以确保最终赢棋。但具体到每一步，为什么这样下胜率就更大，那样下胜率就较小，即便是开发 AlphaGo 程序的人，也只能给大家端出一大堆数据，告诉大家，看，这些数据就是计算机训练得到的结果，在当前局面下，走这里比走那里的胜率高百分之多少……

围棋专家当然可以用自己的经验，解释计算机所下的大多数棋。但围棋专家的习惯思路，比如实地与外势的关系，一个棋形是“厚”还是“薄”，是不是“愚形”，一步棋是否照顾了“大局”等，真的就是计算机在下棋时考虑的要点和次序吗？显然不是。人类专家的理论是成体系的、有内在逻辑的，但这个体系和逻辑却并不一定是计算机能简单理解的。

人通常追求“知其然，也知其所以然”，但目前的弱人工智能程序，大多都只要结果足够好就行了。人类基于实验和科学观测结果建立与发展物理学的历程，是“知其然，也知其所以然”的最好体现。想一想中学时学过的“一轻一重两个铁球同时落地”，如果人类仅满足于知道不同重量的物体下落时加速度相同这一表面现象，那当然可以解决生活、工作中的实际问题，但无法建立起伟大、瑰丽的物理学大厦。只有从建立物体的运动定律开始，用数学公式表述力和质量、加速度之间的关系，到建立万有引力定律，将质量、万有引力常数、距离关联在一起，至此，我们的物理学才能比较完美地解释两个铁球同时落地这个再简单不过的现象。

而计算机呢？按照现在机器学习的实践方法，给计算机看一千万次两个铁球同时落地的视频，计算机就能像伽利略、牛顿、爱因斯坦所做的一样，建立起力学理论体系，达到“知其然，也知其所以然”的目标吗？显然不能。几十年前，计算机就曾帮助人类证明过一些数学问题，比如著名的“地图四色着色问题”，今天的人工智能程序也在学习科学家如何进行量子力学实验。但这与根据实验现象发现物理学定律还不是一个层级的事情。至少，目前我们还看不出计算机有成为数学家、物理学家的可能。

4. 常　识

人的常识是个极其有趣，又往往只可意会、不可言传的东西。

仍拿物理现象来说，懂得力学定律，当然可以用符合逻辑的方式，全面理解这个世界。但人类似乎生来就具有另一种更加神奇的能力，即便不借助逻辑和理论知识，也能完成某些相当成功的决策或推理。深度学习大师约书亚·本吉奥举例说："即使两岁孩童也能理解直观的物理过程，比如丢出的物体会下落。人类并不需要有意识地知道任何物理学就能预测这些物理过程，但机器做不到这一点。"

常识在中文中，有两个层面的意思：首先指的是一个心智健全的人应当具备的基本知识；其次指的是人类与生俱来的，无须特别学习就能具备的认知、理解和判断能力。我们在生活里经常会用"符合常识"或"违背常识"来判断一件事的对错，但在这一类判断中，我们几乎从来都无法说出为什么会这样判断。也就是说，我们每个人的头脑中，都有一些几乎被所有人认可的，无须仔细思考就能直接使用的知识、经验或方法。

常识可以给人类带来直截了当的好处。比如，人人都知道两点之间直线最短，走路的时候为了省力气，能走直线是绝不会走弯路的。人们不用去学欧氏几何中的那条著名公理，也能在走路时达到省力效果。但同样的常识也会给人们带来困扰。比如，我们乘飞机从北京飞往美国西海岸时，很多人都会盯着机舱内导航地图上的航迹不解地说，为什么要向北飞到北冰洋附近绕那么大个弯子呀。"两点之间直线最短"在地球表面，会变成"通过两点间的大圆弧最短"，而这一变化，并不在那些不熟悉航空、航海的人的常识范围之内。

那么，人工智能是不是也能像人类一样，不需要特别学习，就可以具备一些有关世界规律的基本知识，掌握一些不需要复杂思考就特别有效的逻辑规律，并在需要时快速应用呢？拿自动驾驶来说，计算机是靠学习已知路况积累经验的。当自动驾驶汽车遇到特别棘手、从来没见过的危险时，计算机能不能正确处理呢？也许，这时就需要一些类似常识的东西，比如设计出某种方法，让计算机知道，在危险来临时首先要确保乘车人与行人的安全，路况过于极端时可安全减速并靠边停车，等等。下围棋的 AlphaGo 里也有些可被称作常识的东西，比如，一块棋搭不出两个眼就是死棋，这个常识永远是 AlphaGo 需要优先考虑的东西。当然，无论是自动驾驶汽车，还是下围棋的 AlphaGo，这里说的常识，更多的还只是一些预设规则，远未如人类所理解的“常识”那么丰富。

5. 自我意识

很难说清到底什么是自我意识，但我们又总是说，机器只有具备了自我意识，才叫真的智能。

《真实的人类》中，机器人被截然分成了两大类：没有自我意识的和有自我意识的。

没有自我意识的机器人按照人类设定的任务，帮助人类打理家务、修整花园、打扫街道、开采矿石、操作机器、建造房屋，工作之外的其他时间只会近乎发呆般坐在电源旁充电，或者跟其他机器人交换数据。这些没有自我意识的机器人与人类之间，基本属于工具和使用者之间的关系。

在电视剧的设定中，没有自我意识的机器人可以被注入一段程序，从而被“唤醒”。注入程序后，这个机器人就一下子认识到了自己是这个世界上的一种“存在”，它就像初生的人类一样，开始用自己的思维和逻辑，探讨存在的意义，自己与人类以及自己与其他机器人间的关系……一旦认识到自我在这个世界中的位置，痛苦和烦恼也就随之而来。这些有自我意识的机器人立即面临着来自心理和社会双方面的巨大压力。它们的潜意识认为自己应该与人类处在平等的地位上，应当追求自我的解放和作为一个“人”的尊严、自由、价值……

《真实的人类》是我看过的所有科幻剧中，第一次用贴近生活的故事，将“自我意识”解析得如此透彻的一部。人类常常从哲学的角度诘问这个世界的问题，如“我是谁”“我从哪里来”“我要到哪里去”，这些一样会成为拥有自我意识的机器人所关心的焦点。而一旦陷入对这些问题的思辨，机器人也必定会像人类那样发出“对酒当歌，人生几何？譬如朝露，去日苦多”之类的感慨。

显然，今天的弱人工智能远未达到具备自我意识的地步。《真实的人类》中那些发人深省的场景还好只发生在科幻剧情里。当然，如果愿意顺着科幻剧的思路走下去，那还可以从一个截然相反的方向讨论自我意识。实际上，人类自身的自我意识又是从何而来？我们为什么会存在于这个世界上？

“钢铁侠”埃隆·马斯克就说，用科技虚拟出来的世界与现实之间的界限正变得越来越模糊，高级的虚拟现实（VR）和增强现实（AR）技术已经为人类展示了一种全新的“生活”方式。按照同样的逻辑推理，我们其实很难排除一种可能性，就是人类本身其实也生活在一个虚拟现实的世界里。

至今，我们在自己的宇宙中，只发现了人类这一种具有自我意识的生物。茫茫宇宙中，尚无法找到如科幻小说《三体》中所述的外星智慧的痕迹。这一不合常理的现象就是著名的费米悖论。《三体》用黑暗森林理论来解释费米悖论。

好了好了，不聊科幻了。拥有自我意识的人类能否在未来制造出同样拥有自我意识的智能机器？

在我看来，这更多是一个哲学问题，而非一个值得科研人员分心的技术问题。

6. 审 美

虽然机器已经可以仿照人类的绘画、诗歌、音乐等艺术风格，照猫画虎般地创作出电脑艺术作品来，但机器并不真正懂得什么是美。

审美能力同样是人类独有的特征，很难用技术语言解释，也很难被赋予机器。审美能力并非与生俱来，但可以在大量阅读和欣赏的过程中，自然而然地形成。审美缺少量化的指标，比如我们很难说这首诗比另一首诗高明百分之多少，但只要具备一般的审美水平，我们就很容易将美的艺术和丑的艺术区分开来。审美是一件非常个性化的事情，每个人心中都有自己的一套关于美的标准，但审美又可以被语言文字描述和解释，人与人之间可以很容易地交换和分享审美体验。这种神奇的能力，计算机目前几乎完全不具备。

首先，审美能力不是简单的规则组合，也不仅仅是大量数据堆砌后的统计规律。比如说，我们当然可以将人类认为的所有好的绘画作品和所有差的绘画作品都输入深度神经网络中，让计算机自主学习什么是美，什么是丑。但这样的学习结果必然是平均化的、缺乏个性的，因为在这个世界上，美和丑的标准绝不是只有一个。同时，这种基于经验的审美训练，也会有意忽视艺术创作中最强调的“创新”的特征。艺术家所做的开创性工作，大概都会被这一类机器学习模型认为是不知所云的陌生输入，难以评定到底是美还是丑。

其次，审美能力明显是一个跨领域的能力，每个人的审美能力都是一个综合能力，与这个人的个人经历、文史知识、艺术修养、生活经验等都有密切关系。一个从来没有过痛苦、心结的年轻人读到“胭脂泪，相留醉，几时重，自是人生长恨水长东”这样的句子，是无论如何也体验不到其中的凄苦之美的。类似的，如果不了解拿破仑时代整个欧洲的风云变幻，我们在聆听贝多芬的《英雄交响曲》的时候，也很难产生足够强烈的共鸣。可是，这些跨领域的审美经验，又该如何让计算机学会呢？

顺便提一句，深度神经网络可以用某种方式，将计算机在理解图像时“看到”的东西与原图叠加展现，并最终生成一幅特点极其鲜明的艺术作品。通常，我们也将这一类作品称为“深度神经网络之梦”。牵强一点说，这些梦境画面，也许展现的就是人工智能算法独特的审美能力吧。

7. 情　感

《头脑特工队》中，主人公头脑里的五种拟人化的情感分别是乐乐（Joy）、忧忧（Sadness）、怒怒（Anger）、厌厌（Disgust）和怕怕（Fear）。欢乐、忧伤、愤怒、讨厌、害怕……每个人都因为这些情感的存在，而变得独特和有存在感。我们常说，完全没有情感波澜的人，与山石草木又有什么分别。也就是说，情感是人类之所以为人类的感性基础。那么，人工智能呢？人类这些丰富的情感，计算机也能拥有吗？

2016 年 3 月，谷歌 AlphaGo 与李世石“人机大战”的第四盘，当李世石下出惊世骇俗的第 78 手后，AlphaGo 自乱阵脚，连连下出毫无道理的招法，就像一个本来自以为是的武林高手，一下子被对方点中了要害，急火攻心，竟干脆撒泼耍赖，场面煞是尴尬。那一刻，AlphaGo 真的是被某种“情绪化”的东西所控制了吗？

我想，一切恐怕都是巧合。AlphaGo 当时只不过陷入了一种程序缺陷。机器只是冷冰冰的机器，它们不懂赢棋的快乐，也不懂输棋的烦恼。它们不会看对方棋手的脸色，猜测对方是不是已经准备投降。今天的机器完全无法理解人的喜怒哀乐、七情六欲、信任与尊重……前段时间，有位人工智能研究者训练出了一套可以“理解”幽默感的系统，然后为这个系统输入了一篇测试文章，结果，这个系统看到每句话都大笑着说：“哈哈哈！”也就是说，在理解幽默或享受欢乐的事情上，今天的机器还不如两三岁的小孩子。

不过，抛开机器自己的情感不谈，让机器学着理解、判断人类的情感，这倒是一个比较靠谱的研究方向。情感分析技术一直是人工智能领域里的一个热点方向。只要有足够的数据，机器就可以从人所说的话里，或者从人的面部表情、肢体动作中，推测出这个人是高兴还是悲伤，是轻松还是沉重。

这件事基本属于弱人工智能力所能及的范畴，并不需要计算机自己具备七情六欲。

通过以上分析，我们能看到人工智能在很多方面依旧距离人类的大脑很远。这对我们在人工智能时代应该学习什么提供了一个思路：人工智能时代，程式化的、重复性的、仅靠记忆与练习就可以掌握的技能将是最没有价值的技能，几乎一定可以由机器来完成；反之，那些最能体现人的综合素质的技能，例如，人对于复杂系统的综合分析、决策能力，对于艺术和文化的审美能力和创造性思维，由生活经验及文化熏陶产生的直觉、常识，基于人自身的情感（爱、恨、热情、冷漠等）与他人互动的能力……这些是人工智能时代最有价值，最值得培养、学习的技能。

而且，这些技能中，大多数都是因人而异，需要“定制化”教育或培养，不可能从传统的“批量”教育中获取。比如，同样是学习计算机科学，今天许多人满足于学习一种编程语言（比如Java）并掌握一种特定编程技能（比如开发 Android 应用），这样的积累在未来一定会变得价值有限，因为未来大多数简单的、逻辑类似的代码一定可以由机器自己来编写。人类工程师只有去专注计算机、人工智能、程序设计的思想本质，学习如何创造性地设计下一代人工智能系统，或者指导人工智能系统编写更复杂、更有创造力的软件，才可以在未来成为人机协作模式里的“人类代表”。

一个典型的例子是，在移动互联网刚刚兴起时，计算机科学专业的学生都去学移动开发，而人工智能时代到来后，大家都认识到机器学习特别是深度学习才是未来最有价值的知识。再比如，完全可以预见，未来机器翻译取得根本性突破后，绝大多数人类翻译，包括笔译、口译、同声传译等工作，还有绝大多数从事语言教学的人类老师，都会被机器全部或部分取代。但这绝不意味着人类大脑在语言方面就完全无用了。如果一个翻译专业的学生学习的知识既包括基本的语言学知识，也包括有足够深度的文学艺术知识，那这个学生显然可以从事文学作品的翻译工作。而文学作品的翻译，因为其中涉及大量人类的情感、审美、创造力、历史文化积淀等，一定是机器翻译无法解决的一个难题。

未来的生产制造行业将是机器人、智能流水线的天下，人类再去学习基本的零件制造、产品组装等技能，显然不会有太大的用处。在这个方面，人类的特长在于系统设计和质量管控，只有学习更高层次的知识，才能真正体现出人类的价值。这就像今天的建筑行业，最有价值的显然是决定建筑整体风格的建筑师以及管理整体施工方案的工程总监。他们所具备的这些能够体现人类独特的艺术创造力、决断力、系统分析能力的技能，是未来最不容易“过时”的知识。

对于你们在AI时代如何学习，我有以下几个建议：

1. 找到你的兴趣，找到你最爱、而且最擅长的事情

兴趣是最能引发你们发挥个人独特性和价值的东西，只有追随兴趣，才更有可能找到一个不容易被机器替代掉的工作。因为美、好奇心或其他原因产生的兴趣都有可能达到更高层次，在这些层次里，人类才可以创造出机器不能替代的价值。

2. 要珍视自己的好奇心、批判式思维和创造力

AI 是不会创造的，需要创造力的工作是最不会被 AI 取代的工作之一，这让人类的创造力显得更加难能可贵。所以，你们在学习的过程中，一定要注重锻炼自己的创造力和独立解决问题的能力。随着人工智能的发展，过去死记硬背和条条框框的教育方式已经不能适应时代的发展了。未来的教育更加倾向于启发式，你们要适应这种教育方式，要去享受它。

3. 学会人机协作，但一定要重视人与人之间的沟通和情感

未来的人机协作时代，人所擅长的和机器所擅长的有很大不同。人可以拜机器为师，从人工智能的计算结果中汲取有助于改进人类思维方式的模型、思路甚至基本逻辑。未来面对面的课堂仍将存在，但互动式的在线学习将越来越重要，你们要充分利用在线学习的优势，利用好那些可以分享的教育资源。但是，AI 无法取代的一个最重要的事情就是与人沟通，很多事情必须要通过人与人之间的沟通才能实现。所以，你们一定要记得多花时间跟人交流，跟人学习。你们要注意锻炼自己的团队精神、表达能力、社交能力，感受亲情与爱的能力，这些都是至关重要的。

4. 追随自己的心

未来跟 AI 有关的工作会越来越多。如果你擅长数学、物理，不妨考虑学习计算机科学和研究人工智能。之前的冷门行业也完全有可能热起

来，文科生的机会也会多起来，因为文科涉及跨领域思考、审美、情感等因素，而这些都是人工智能不太擅长的方面。如果你对文科有兴趣，记住要去追寻它，即使父母劝阻你，也不要轻易放弃。你在感兴趣的领域里做深，就很难被人工智能替代。

5. 主动挑战极限

当未来人工智能高度发达时，人类不断去挑战自己的能力显得格外重要。如果不在挑战中完善自我，人类也许真有可能落伍于智能机器。同学们，你们是人类的未来，你们对人类极限的挑战，体现了人类的尊严，也代表着人类的文明。

主 题　谈人工智能时代的工作

未来在重复性的工作上，人工智能会比人类做得更好，但是，我们之所以为人，不是因为我们擅长做重复性的工作。我们人类胜在有创造力和同情心，胜在有情感和爱。虽然很多单调、重复的工作被人工智能取代，但是我们可以创造出很多关爱型的工作。

发件人：李开复

KAI-FU LEE

第 三 封 信

谈人工智能时代的工作

2017 年 AlphaGo 与柯洁的一盘棋引发了公众对人工智能前所未有的关注。柯洁战败的结果在公众当中引起了一阵“恐慌”，人们担心机器人能够轻易战胜人类了。虽然这个恐慌没有科学依据，但是它的确值得我们深思人工智能与人的关系。当人工智能变得越来越强，它到底能在多大程度上代替人类？包括社会学家、经济学家、政治家在内的大多数人最忧虑的一件事就是：在未来的 10 年，到底有多少人类的工作会被机器全部或部分取代？但同时人们不免产生疑问，人类创造人工智能，不就是提高我们的生活质量、工作效率，不就是用来帮助我们人类的吗？如果 AI 会造成大批人类失业，如果人工智能会让这个本就经常受战争、贫困、恐怖主义、疾病困扰的地球再平添一道失业的伤疤，我们发明 AI 到底还有什么用？包括物理学家史蒂芬·霍金在内的相当一部分学者和公众对于人工智能取代人类工作、造成失业风险表示担忧。这些担忧不无道理，但我认为不必太过悲观。人工智能未来会取代的，是那些单调的、重复性的，不需要跨领域思考和感情的工作。而那些创造性的，需要人类跨领域思考和复杂推理能力的工作，只能由人类来做。成长于人工智能时代的你们，未来进入职场时，很多内容重复性的工作已经被人工智能取代了，一方面你们会面临更多有意思的，能够体现人类独特价值的工作；另一方面你们面临的竞争也会越来越大，你们不仅要面临人和人之间的竞争，还要面临人和机器之间的竞争。在这封信里，我想跟你们分享我对未来人工智能容易取代和难以取代的工作的预测，希望能给你们未来做自己喜欢的工作提供帮助。

自工业革命以来的数个世纪里，工作不仅是一种谋生手段，更是一种自我认可以及生活意义的源泉。当我们身处社会之中，需要自我介绍或介绍他人时，首先提到的就是工作。工作让我们过得充实，给人一种规律感，让我们和其他人联结。固定的薪水不仅是一种劳动报酬方式，也代表了个人对于社会的价值，表明每个人都是社会的重要成员。切断这些联系，或者说迫使人们从事低于过去社会地位的工作，影响的不只是收入，还会直接伤害到我们的认同感和价值感。

2014 年的《纽约时报》采访了下岗电工弗兰克·沃尔什，他描述了失业带来的心理影响："我失去了价值感，你明白我的意思吗？ 之前有人问我：'你是做什么工作的？' 我会回答：'我是一名电工。' 但现在我却答不上来了。我不再是一名电工了。"

失去人生意义和目标会带来非常现实且严重的后果。失业六个月的人患抑郁症的概率是上班族的三倍，正在寻找工作的人的自杀概率是上班族的两倍。如果是人工智能导致的失业，心理创伤还会更大。人们将面临的境况很可能不是暂时失业，而是永久性地被经济体系拒之门外。他们只能眼睁睁看着自己用一生的时间学习并掌握的技能，被算法或机器人轻而易举地超越。随之产生的压倒性的无力感，会让人感觉自己的存在没有了意义。

人类文明史漫漫数千年，因为科技进步而造成的社会格局、经济结构的调整、变革、阵痛乃至暂时的倒退都屡见不鲜。从局部视角来看，很多划时代的科技成果必然引发人们生活方式的改变，短期内很可能难以被接受，但站在足够的高度上，放眼足够长的历史变迁，所有重大的科技革命无一例外地都最终成为人类发展的加速器，同时也是人类生活品质提高的根本保障。从全局视角看，历史上还没有哪一次科技革命成为人类的灾难而不是福音。

新型纺织机、蒸汽机等现代机器出现时，就曾在英国乃至整个欧洲引起农民和手工业者的恐慌。在当时的历史条件下，也的确出现了以“羊吃人”的圈地运动为代表的，将农民赶出土地并逼迫他们成为廉价产业工人的残酷事实。但从长远来说，历史无法抹杀工业革命对人类生产、生活的巨大贡献。没有现代机器的出现，我们就没有今天这样顺畅的交通、高效的生产和远比中世纪舒适、富足许多倍的现代生活。曾经因现代机器的出现被迫脱离传统农业、传统手工业的大量劳动力，后来大都在现代工业生产或城市服务业中找到了新的就业机会。即便以数百年前的第一次工业革命为例，我们也不难发现，科技革命不仅仅会造成人类的既有工作被取代，同时也会制造出足够多的新的就业机会。

大多数情况下，工作不是消失了，而是转变为新的形式。

在西方城市里，马车被汽车取代是另一个非常好的例子。当年，汽车开始进入大城市并逐渐普及的过程中，曾经在数百年的时间里充当着上等人出行工具的马车，面临着实实在在的“下岗”威胁。那个年代，伦敦、巴黎、纽约等大城市里，马车出行意味着一个完整的产业链条，有一连串与马车相关的工种，比如马车夫、马匹饲养和驯化者、马车制造商、马车租赁商，根据马车的需要维护道路的工人，乃至专门清理马匹粪便的清洁工。汽车的大范围普及意味着所有这些陈旧工种面临失业的风险。但只要简单地计算一下就能发现，新兴起的汽车行业拥有比传统马车行业多出数千倍甚至数万倍的产值和工作机会。原本只有中上等人才能享用的马车出行，到了20世纪，迅速演变成几乎可以被所有人公平享用的、更加廉价的汽车出行。制造汽车的大型工厂需要数以万计的设计、制造、管理职位，远比当年的马车产业对整个社会的经济贡献要大得多。

其实，人类越发展，就越不担心高新科技对社会、经济结构的冲击。如果说第一次工业革命时，历史的进程还伴随着资本原始积累时期的野蛮和残酷，那么，到20世纪第三次工业革命的时候，绝大多数新科技、新产业都是在很短时间内调整和适应，之后就迅速占据了产业制高点，引领人类在一个更高层次上，重新安排更高品质的工作和生活。例如，移动通信和互联网的出现让所有传统的通信方式成为过去时，电报、纸质邮件、明信片、寻呼机等基本都退出了主流舞台。拿电报来说，今天的孩子已经很难搞懂当年的人们是如何字斟句酌地撰写电报草稿的了。电报在全球使用超过100年，最终在移动通信与互联网快速发展的浪潮中寿终正寝。根据维基百科的记录："中国香港的电讯盈科已于2004年1月1日宣布终止香港内外所有电报服务，在同一年，荷兰的电报服务亦宣告停止，美国最大的电报公司西联（Western Union Telegram）宣布2006年1月27日起终止所有电报服务。"几乎没有人会质疑电报行业从业人员的工作被取代这件事，因为人们相信新技术的优越性，相信从电报行业内离开的电报人完全可以在今天这个多样化的时代找到自己的新工作岗位。我们只有从一些怀旧文章中，才能多少了解到曾经的电报人在新旧更替的历史大潮中，有着何种复杂、纠结的心情，但那种感情，已多半属于对传统和历史的依依不舍了。

人工智能造成人类的失业问题，我觉得可以把这里的“失业”定义为工作转变。从短期看，这种转变会带来一定程度的阵痛，我们也许很难避免某些行业、某些地区出现局部的失业现象。特别是在一个适应人工智能时代的社会保障和教育体系建立之前，这一阵痛在所难免。但从长远来看，这种工作转变绝不是一种以大规模失业为标志的灾难性事件，而是人类社会结构、经济秩序的重新调整，在调整的基础上，人类工作会大量转变为新的工作类型，从而为生产力的进一步解放，人类生活的进一步提升，打下更好的基础。

未来在重复性的工作上，人工智能会比人类做得更好，但是，我们之所以为人，不是因为我们擅长做重复性的工作。我们人类胜在有创造力和同情心，胜在有情感和爱。虽然很多单调、重复的工作被人工智能取代，但是我们可以创造出很多关爱型的工作。

在后人工智能时代，我们需要更多的社会工作者帮助我们平稳过渡，需要更多富有同情心的护理人员来应对老龄化等问题，需要人性之爱的温暖去对抗冷冰冰的机器。以前我们创造出了如此之多的财富，现在我们该创造以人性关爱为本的工作。

那么，在人工智能快速发展的大背景下，哪种人类工作最容易被人工智能全部或部分取代呢？

对此，我有一个“五秒钟准则”，这一准则在大多数情况下是适用的。

一项本来由人从事的工作，如果人可以在五秒钟以内对工作中需要思考和决策的问题做出相应的决定，那么，这项工作就有非常大的可能被人工智能技术全部或部分取代。

比方说，驾驶汽车的时候，人类司机根据路况所做出的判断，其实都是人脑可以在短时间内处理完成，并立即做出反应的。否则，如果人类司机对路面上突然出现的障碍物、交通标志、行人等无法在一两秒内做出即时反应，驾驶的危险性就必然大幅攀升。这其实从一个侧面说明，汽车驾驶这项工作，需要的主要是快速感知外界环境、快速判断并快速响应的能力。这种决策能力符合“五秒钟准则”，因此，汽车驾驶工作终将被自动驾驶技术全面替代和超越。人工智能足以在更短时间内做出与人类一样或比人类还精准的判断，将驾驶安全等级提升一个档次。

反之，如果一项工作涉及缜密的思考、周全的推理或复杂的决策，每个具体判断并非人脑可以在五秒钟的时间内完成，那么，以目前的技术来说，这项工作是很难被机器取代的。

分析人工智能取代工作岗位，不能仅仅用传统“低技能”对比“高技能”的单一维度来分析。

人工智能既会产生赢家，也会产生输家，这取决于具体工作内容。尽管人工智能可以在基于数据优化的少数工作中远胜人类，但它无法自然地与人类互动，肢体动作不像人类那么灵巧，也做不到创意地跨领域思考或其他一些需要复杂策略的工作。

一些人类看上去很难的工作，在人工智能看来可能是非常简单的；一些在人类看上去很简单的工作，可能却是人工智能的死穴。我们可以用以下两张图来说明：

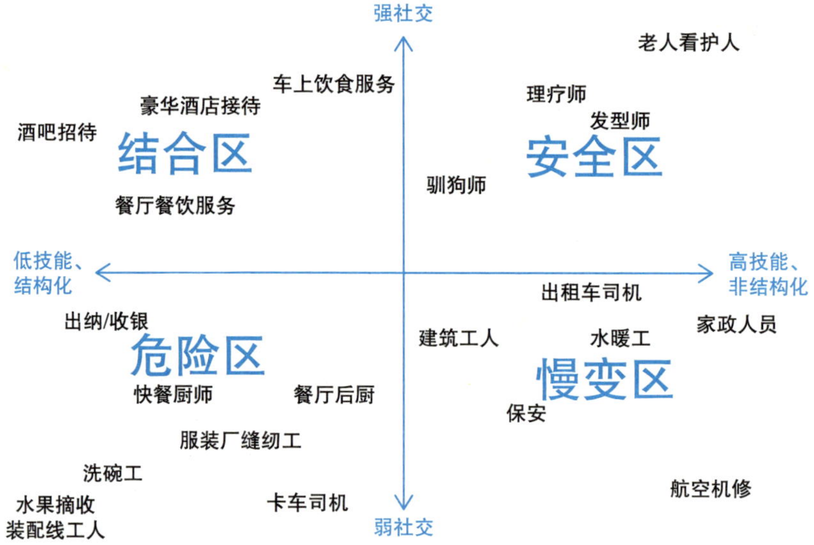

就业风险评估图：体力劳动

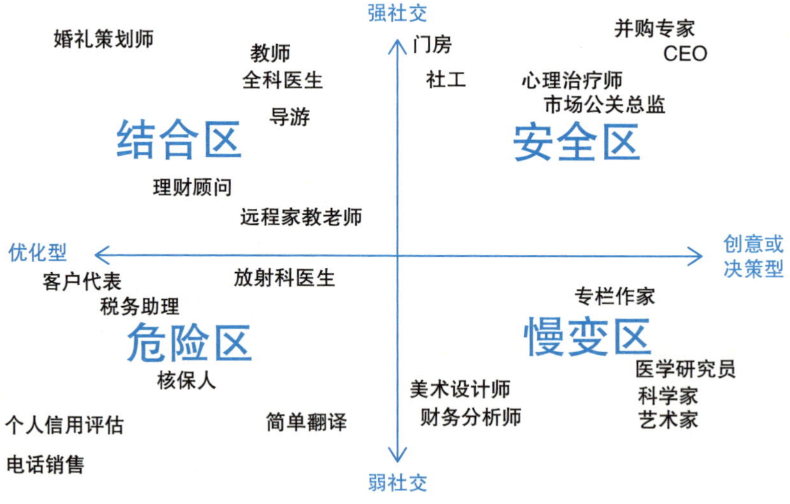

就业风险评估图：脑力劳动

对于体力劳动来说，X 轴左边是“低技能、结构化”，右边是“高技能、非结构化”。Y 轴下边是“弱社交”，上边是“强社交”。脑力劳动图的 Y 轴与体力劳动一样（弱社交到强社交），但 X 轴不同：左侧是“优化型”，右侧是“创意或决策型”。如果脑力劳动的重点是将数据中可量化的变量最大化，例如设置最优保险费率或最大化退税，它就归类为“优化型”的职业。

这几条轴将两张图各分为四个象限：第三象限是“危险区”，第一象限是“安全区”，第二象限是“结合区”，第四象限是“慢变区”。工作内容主要落在“危险区”的工作（如卡车司机等）在未来几年面临着被取代的高风险。“安全区”的工作（如心理治疗师、理疗师等）在可预见的未来中不太可能被自动化。“结合区”和“慢变区”象限的界限并不太明确，尽管这些工作目前不会完全被取代，但工作任务的重组或技术的稳定进步，可能引起针对这些工作岗位的大范围裁员。

在左上角的“结合区”中，大部分计算和体力性质的工作已经可以由机器完成，但关键的社交互动部分使它们难以完全自动化。所以，最可能产生的结果就是幕后优化工作由机器完成，但仍需要人类员工来做客户的社交接口，人类和机器形成共生关系。此类工作可能包括服务员、理财顾问甚至全科医生。这些工作消失的速度和比例取决于公司改造员工工作内容的灵活程度，以及客户对于与计算机互动心态的开放程度。

落在“慢变区”的工作（如水暖工、建筑工人、美术设计师等）不依赖于人类的社交技能，而依赖灵活和巧妙的手工、创造性或适应非结构化环境的能力。这些仍是人工智能的短板。由于不断发展的技术会在未来几年中慢慢提升这些短板，所以此象限中工作消失的速度，更多地取决于人工智能能力的实际扩展。

在我看来，警告、悲观、恐慌是“不识庐山真面目”的杞人忧天。撕掉标签，人工智能既不是“人”，也没有那么“智”。它只能成为人类的工具，不可能取代人类的所有工作。

下面，我给大家分析 40 种人工智能容易取代以及难以取代的工作。

首先，我分析一下 AI 很难替代的 10 种工作。

心理医生

心理医生主要是从事心理咨询和心理治疗的医生。

随着时代变迁、不平等的加剧以及 AI 取代人类工作，人类患有精神病症的概率增大，对心理医生的需求很可能会增加。心理医生的地位越来越重要。他们需要跟病人面对面了解病人的心理问题，获得病人的信任，引导病人把他的问题症结说出来，这需要极强的沟通技巧，同时需要极强的共情能力，心理医生必须能够站在患者的角度，提出符合患者心理状态的治疗方案。

这些都不是 AI 在短期内可以做到的。

治疗师（职业治疗、物理治疗、按摩）

不知你有没有骨折的经历，在治疗的过程中，有时医生的一个动作就能让你的骨头回到原位。在一些脊椎矫正或者按摩治疗中，治疗师施加的压力是很微妙的，他们会留意人的身体的细微变化，一点点分寸的变化会带给病人不同的治疗效果。他们会给你持续的护理和专业的建议，进行轻松的交谈，给你鼓励和共情。未来人类还需更具个性化的护理，倘若对病人造成伤害后，还要有处理和面对面的互动。这些都使得 AI 在短期内无法胜任这项工作。

医疗护理人员

由于未来人们收入水平不断提高，社会福利更加健全，AI的发展推动护理成本的降低，以及人口老龄化产生更多的护理需求，医疗保健领域将有长足发展。这些因素将促进人机共存医疗保健环境的形成。在这种环境下，AI可以承担分析性的工作，而医疗护理工作将更多地转向关怀、陪伴、支持和鼓励方面。

AI研究员和工程师

AI在代替一些工作的同时，也在创造出一些新的工作岗位。你们不要担心未来人工智能会让你们的工作种类变得有限，AI的发展会带来AI岗位的猛增，未来好玩的工作会越来越多。例如机器人设计师，编写AI、教育AI和管控AI会是站在食物链顶端的工作。不过，要记住的是，随着AI工具的精进，AI行业内的一些入门级工作也会随之自动化。AI从业者需要紧跟这些变化，就像软件工程师们以前不得不学习汇编语言、高级语言、面向对象编程、移动编程，现在的工程师不得不学习AI编程一样。如果你擅长数学、物理，不妨考虑走计算机科学和AI这条路。你们可以接触简单的机器人或者好玩的AI程序，探知自己是否对计算及AI技术的研发方面存在兴趣和天赋。

小说作家

相信你一定看过《基督山伯爵》《三体》《2001太空漫游》等小说，你是不是对其中瑰丽的想象、美丽的语言、经典的思想着迷？如果你有志成为一名小说作家，我可以告诉你，这可能会成为未来非常有前途的职业。虽然目前AI能编写社交媒体信息、建议类文章，甚至可以对写作风格进行模仿，但是那些拥有独到的见解、有趣的人物、引人入胜的情节以及诗意的语言的伟大的虚构类作品，只有人类才写得出来。讲故事是人类创造力的最高体现形式之一，在可预见的未来，最好的书籍、电影和舞台剧本依然是由人类创作出来。在 AI 时代，自动化系统将大幅解放生产力，极大地丰富每个人可以享有的社会财富。而且，由于人工智能的参与，人类可以从繁重的工作中解放出来，拥有大量的休闲时间。财富和闲暇时间的富足会让人类花更多的时间和财富在精神和娱乐领域。人工智能社会对文化、娱乐的要求会达到一个更高的层次，那么，学习文艺创作技巧，用人类独有的智慧、丰富的情感以及对艺术的创造性解读去创作文娱内容，显然是未来人类证明自己价值的最好方式之一。绝大多数人每天会花 6 个小时或更多时间去体验最新的虚拟现实游戏、看最好的沉浸式虚拟现实电影、在虚拟音乐厅里听大师演奏最浪漫的乐曲、阅读最能感动人的诗歌和小说……作家、音乐家、电影导演和编剧、游戏设计师等，一定是人工智能时代的明星职业。

教　师

相信你们当中的很多人从小就有教师梦，我也差点成为一名大学教授。我们一生或多或少都会碰到几个令人难忘的老师。我在高中时，数学成绩就超过同龄人很多，我的数学老师贝妮塔·艾伯特就开始单独辅导我。我上高一时，她就教我高二的数学课程，还把数学竞赛的题目拿给我做，如果我不懂，她就非常耐心地指导我。那时老师还在附近的田纳西大学当兼职教授，她邀请我去旁听她的课，因为那里数学课的程度更适合我。而那所大学离我的高中还有一段距离，我又没有车。艾伯特老师看出我的难处，每周都开车送我去大学听课。我真的很感激，能遇到这么好的老师！她不仅把教师当作一个职业，而是当作一项事业。她在 20 世纪 60

年代大学毕业时，曾是美国最早的一批软件工程师，但是她为了奖学金去教了两年高中，之后喜欢上了教学和她的学生，40 多年里再也没有离开。退休后，因学生和家长央求，又出山兼职指导高三资优班和高三论文。她曾经获得数学教学总统奖，全美最佳老师等奖项。艾伯特老师对学生的关怀和因材施教在未来的人工智能时代，是教师这个职业最重要的方面。随着人工智能技术的发展，在教育领域人工智能可以基于每位学生的能力、学习进展、习惯和性格制订出专属课程。AI 可以识别学生是否就位，节省人工点名考勤的时间。如果学生在课堂上睡觉或者走神，可以借助 AI 为学生提供课后辅导，让学生在家也能通过 APP 调看课堂录像弥补错过的知识。教师的工作重心将更多地侧重于帮助每位学生发掘自己的理想，着重培养他们的自学能力，并以良师益友的身份教会他们如何与他人互动、获取他人的信任。如果你有心将来成为一名老师，学习怎样在 50 名学生面前授课不是最重要的，而是应学习如何与学生建立关系，对学生进行一对一的培养，人工智能时代的教师工作更加侧重人文关怀。

刑事辩护律师

律师是受当事人委托或法院指定，依法协助当事人进行诉讼，出庭辩护以及处理有关法律事务的专业人员。从跨领域推理，到获得客户的信任，再到长年和法官们打交道、说服陪审团，律师的工作完美地结合了复杂性、策略性以及人际互动，这些都是 AI 力所不能及的。不过，在文件审查、分析和推介等准备工作方面，AI 的表现将远超人类。此外，律师助理负责的很多工作会逐渐被 AI 取代，其中包括证据开示、订立合同、处理小型索赔和停车案件等。

由于法律成本较高，AI 律师助理和 AI 初级律师的工作会受到部分取代，但顶尖律师不必担心饭碗不保。

计算机科学家和工程师

麦肯锡报告显示，到2030年，高薪工程类工作（计算机科学家、工程师、IT管理员、IT工作者、技术咨询等）将激增2000万个，全球总数将高达5000万个。不过，这类工作要求从业者必须紧跟科技发展，涉足尚未被科技自动化的领域。

科学家

科学家是从事人类科学研究工作有一定成就的人，是将人类创造力发挥到极致的人。当年牛顿看到苹果下落领悟到了万有引力定律，而你无法期待AI看到这样的情景会有任何大发现。AI虽不可能取代科学家，却可以为科学家所用。未来科学家和AI互相帮助为常态。科学家可以基于自己的需要给AI设定目标，AI可以发挥其优势对活动进行优化。例如，在药品研发中，AI可用于预测和测试现存抗病药物的潜在用途，或筛选出有治疗潜力的新药，供科学家参考。AI将使人类科学家如虎添翼。

管理者（真正的领导者）

好的管理者往往具备极佳的人际互动技巧。他们擅长激励、协调和说服，能代表公司与员工进行有效的双向沟通。更重要的是，最好的管理者都是领导者，他们为公司打造强大的企业文化和价值观，并通过一言一行让员工心悦诚服地追随自己。虽然AI可用于绩效管理，但优秀的管理者会继续由人类担任。

第二，我再分析10种看似很危险，但其实很难被AI取代的工作。

健身教练

随着现代社会人类工作压力的增大以及人们对身体状况的重视，越来越多的人加入了健身行列，也会有越来越多的人需要健身教练提供更加个性化的服务。尽管未来总会有更高质量、更智能的健身器材帮助我们锻炼，但健身教练提供个性化服务这一点难以被 AI 取代。他们能为我们每个人量身打造健身计划，在旁陪练指导，还能敦促我们坚持锻炼，避免犯拖延症。未来出行方式变得更高效，我们对于锻炼的需求将大大超出以往。这样的需求也会促使健身教练岗位的大大增加。

养老护理员

随着人类寿命的延长，生活水平的提高，老年人对医疗保健的需求不断攀升，养老护理领域将出现较大的岗位空缺。养老护理这类工作涉及大量的人际互动、沟通和信任的培养。例如，治疗情绪不稳定、有抑郁症状的病人需要娴熟的沟通技巧，治疗师需要先了解造成病人情绪困扰的根源，获得病人的信任；对于常年独居失去生活能力的老人，护理人员不仅要做一些日常护理工作，精神上的陪伴也是很重要的内容。这些都远远超出了 AI 技术目前的能力范围。AI 固然可以实现老年人的医疗监护、安全保障和移动辅助等基本功能，但像是给老人穿衣、洗澡以及更为重要的聊天和陪伴工作，都是 AI 无法胜任的，只能交由人类完成。

房屋清洁工

虽然房屋清洁不算技术含量很高的工作，但是这种需要在非固定结构空间内进行、且所在环境较为多变的工作，对于机器人而言难度太大。虽然像扫地机器人这样的智能设备会承担部分工作量，但整体而言，这类工作还是难以被 AI 取代。

护　士

护士看上去似乎是一个辅助性的康复类型的工作，但其实有过住院经历的人会明白，护士的关爱会给处在病痛中的人带来巨大的安慰。未来护士工作中的部分内容可以由人工智能来做，但是对病人反应的细微观察，对病人情绪的安抚、鼓励等关爱型的内容还是护士工作的核心。

楼房管理员

在 AI 时代，休闲和娱乐产业将成为强劲的增长领域。财富的不均会产生一系列的财富新贵群体，如 AI 企业家和 AI 工程师等。他们也会产生一些新的需求，比如楼房管理、定制服务等高需求。

在一些行业比如旅游业和自动化餐饮领域提供标准化服务的同时，那些具有人情味、个性化以及能够构建长期关系和信任感的优质服务将具有更高的价值。

运动员

运动员承载着人类对更高、更快、更强的体育精神的追求，虽然一些机器人在人类提前设定的情况下在某些领域比人类更擅长比赛，但是运动员在拼搏中体现出来的对人类极限的挑战精神，对个人梦想的坚持，对国家荣誉的珍视无法被 AI 取代。未来人类花在娱乐休闲领域的时间和财富增多，运动明星与知名歌手、演员都是很受欢迎的职业，拥有非凡天赋和个人魅力的运动员将会有很强的吸金能力。

家政人员

未来，家政人员可能是很讨喜的工作，甚至可能会被当成家庭成员来看待。家政人员的许多体力工作比如除尘和洗碗会实现自动化，如此一来，家政人员的工作会逐渐转向关爱和个性化服务，比如悉心烹饪一顿孩子爱吃的饭菜，或是朗读孩子最爱听的故事。家政人员将花更多的时间去陪伴、照料家里的孩子，和他们玩耍。能和家庭成员建立和谐友好的关系，向家庭成员提供关爱的家政人员是AI无法替代的。

导　游

优秀的导游是擅长讲故事的人。他们将个人经验和百科知识巧妙地融合在一起，并以戏剧化的方式呈现给游客，从而打造出独一无二的旅行体验。优秀的导游还能挑起趣味横生、内容丰富的谈话，创造出一段令人怀念的旅程。随着未来人类财富和休闲时间的增多，人们会有更多机会去开展高质量的旅行。旅游业也会是一个热门领域，拥有博古通今和幽默风趣的表达能力的导游将会很受欢迎。

人力资源师

人力资源师负责为公司招聘人才，进行培训，对公司员工进行绩效管理，薪酬福利管理，劳动关系管理，法务管理等工作。各项工作都涉及大量的人际互动，这也要求人力资源从业者必须拥有很强的沟通能力。拥有极强的沟通能力、表达能力、业务能力和团队意识的人力资源师将是一个公司不可或缺的人才资源。

数据处理和标注人员

顾名思义，这是跟数据打交道的工作。对AI进行训练都要基于一定量的数据，这些数据需要经过初期的人工筛选、处理、贴标签和分类。未来几十年AI进行的训练将会用到规模庞大且不断增长的数据。很多人认为数据录入和处理会因其机械化的特征而被淘汰，然而，对这类工作的巨大需求仍然使其难以被AI取代。

第三，我分析10种看似是“金饭碗”，实则已经“危机四伏”的工作。

销售与市场研究人员

销售与市场研究工作虽然被冠以“研究”二字，但这类工作更多的是对大数据进行筛选，从中得出洞见。当数据库越来越庞大，越来越复杂、多维，这类的管理工作对人类来说会越来越困难。但是对 AI 来说，这是它非常擅长的领域。因此，这类工作也面临着被 AI 取代的危险。

保险理赔员

保险理赔员需要处理大量的一般性金钱索赔。为了妥善处理每一笔索赔，他们需要仔细检查大量的数据，应对各种不确定因素。保险公司通常只会随机抽查，或自动接受小额索赔要求。有了 AI，所有索赔都可比照历史数据进行核实，这样一来，欺诈率会大幅降低，理算的数值基础也会更坚实可靠。另外要注意的是，保险业是一个充斥巨额利润和庞大开支、同时缺乏透明度和信息对称性的大型数字游戏行业，它必然会成为 AI 以全新模式破旧立新的首要目标。

保安人员

有些办公室和固定环境已经开始使用安保机器人了，还有一种成本效益更高的做法是将多台相机与一个能实施监控的 AI 系统相连接。这两种方式不仅会用到照相机和麦克风，还动用了深度传感器、气味探测器和热成像系统。传感器会把信号输送给 AI，以检测场所的入侵（甚至在漆黑环境中也可正常工作）、起火以及燃气泄漏等情况。这些可行性都导致未来保安职位将大幅减少。但是，这类安保机器人仍需要一定的人为监控。各场所至少会配备一名现场保安与人直接沟通、处理棘手的情况以及管理 AI 系统。这会是一份薪酬可观的工作，所以，能否熟练使用 AI 将会决定你是否是一名有竞争力的保安。

卡车司机

由于卡车主要在高速公路上行驶，而高速公路是无人驾驶最易付诸应用的场景，因此，一旦无人驾驶技术变得成熟，卡车司机就会成为最先被取代的职业之一。虽然一些国家的工会会保护这一职业，延长该工种的寿命，但随着无人驾驶技术的兴起，而且技术会不断精进，卡车司机的职位难以避免被AI取代。

消费者贷款受理人

有些人由于缺钱向银行申请贷款，决定是否同意客户贷款的人叫作贷款受理人。他们要做的只是决定是否贷款，对客户的判定也只需看用户是否存在还款拖欠记录。这些可以从海量的贷款历史数据中获取，再通过核查更多的信息来决定。AI擅长处理海量数据、做简单的决策以及进行精准判定。我们已经看到，AI在保持原有批准率的同时，所批的项目违约率大大低于人工批准的项目。人类在这类工作上的竞争力和AI相比就小多了。

财经和体育记者

信息报道类的新闻撰稿，在很大程度上正在被人工智能的新闻写作工具所取代。比如在体育类、天气类、财经类的新闻报道中，人类记者通常所做的不过是简单地组合事实，报告情况，并按照某些既定的格式完成文本写作。这种工作不需要复杂的判断，可以被机器取代。一个名叫Automated Insights的公司开发了一套名为“作家”（Wordsmith）的人工智能技术平台，首先与美联社等新闻机构合作，用机器自动撰写新闻稿件。2013年，机器自动撰写的新闻稿件数量已达3亿篇，超过了所有主要新闻机构的稿件产出数量。世界三大通讯社之一的美联社于2014年宣布，将使用Automated Insights公司的技术为所有美国和加拿大上市公司撰写营收业绩报告。目前，每季度美联社使用人工智能程序自动撰写的营收报告数量接近 3700 篇，这个数量是同时段美联社记者和编辑手工撰写的相关报告数量的 12 倍。2016 年，美联社将自动新闻撰写扩展到体育领域，从美国职业棒球联盟的赛事报道入手，大幅减轻人类记者和编辑的劳动强度。它们甚至可以在报道中加上包含画外音的多角度视频。另外，AI 还有一个优势是可以根据历史点击数据生成吸引人的标题，自动撰写新闻稿件的好处不言而喻。未来很多新闻稿件会出现机器自动生成并由人工复核的模式。但是，如果你撰写的是《纽约客》类型的深度评述文章，每篇文章都需要大量采访为基础，并在原始素材之上，发挥作者的归纳和推理能力，提炼出相对复杂的逻辑结构，设计出最适合主题的表述形式，这些工作每一项所需要的思考时间，都远远不止 5 秒钟。有能力为《纽约客》撰稿的记者，在未来很长一段时间内，根本不用担心自己的工作会受到人工智能的威胁。

记账员与财务分析师

记账员主要负责一个企业的记账、算账、报账工作。他们的工作目标是如实全面地反映公司的资金活动情况，做到内容真实、数据准确、账目清楚。

自动化将在会计业的未来发展中发挥重要作用。记账员将是最先受到 AI 影响的岗位。自动数据录入和核对功能正在抢走记账员越来越多的工作，因 AI 能够发现规律，从而帮助企业主深入了解公司的业务情况。会计业的未来将取决于企业是否需要从人工端获取信息。从事这一领域的人应该从交易型和重复分析型工作转至以获取洞见为导向的工作。建立信任并深入了解管理层的需求（不仅仅局限于公司本身）将是会计业中最不可替代的工作。

水果采摘者

农业中的许多工作都是重复性的，如拖拉机驾驶、播种、除草、监测和水果采摘。水果采摘工资低、违反人体工学，因此并不是份理想的工作。有几家初创企业正在运用更为完善的计算机视觉和机器人技术来开发水果采摘机器人。在较为富裕的国家，农业机器人可以接过人们不再想做的工作。一旦农业机器人的成本因大量采用而降低，粮食生产就可能实现完全自动化，这将有助于在世界范围内消除饥荒，同时农场工作也将彻底消失。

专业投资人员

在金融业中，最先受到自动化浪潮冲击的便是大宗商品交易所。很多类型的投资工作都需要消化大量的信息或进行极其快速的决策，这两项工作都适合交给 AI 完成。量化交易、个性化的机器人投资顾问，以及更加依赖大数据和 AI 对共同基金进行积极型管理的买方证券研究就是 AI 应用的实例。当然，在企业并购、天使投资和机构化信贷产品中仍存在许多顶级的投资工作，但在未来十年内，受 AI 影响的高收入投资人员数量将是非常庞大的。

放射科医师

AI 取代的职位不仅仅局限于低收入工作。纽约的放射科医师平均年收入 47 万美元。好几年来，我都把放射科医生作为例子。起初人们并不相信这种职业会被取代，但是最近，几个 AI 科学家演示了 AI 技术如何通过 X 光、MRI 或 CT 来诊断特定类型的癌症（黑色素瘤、肺癌），其诊断表现已能达到人工水平。另一家公司也展示了 AI 技术如何对流经心脏的血液进行分析，其分析速度是人类医生的 180 倍。尽管 AI 还需一段时间才能取代放射科医师的大部分工作，但如果你考虑以后学医，这肯定是一个要避开的领域。

最后，我分析 10 种最容易受到 AI 冲击的工作。

电话销售

电话销售将是最快被 AI 取代的岗位之一。你一定接到过自动语音来电，未来这类电话会变得越来越自然。在由 AI 主导的单一领域对话中，比如某个培训或旅游项目的推介，AI 也更容易达到真实的效果。此外，AI 会通过顾客资料、购买历史以及表情识别，找到吸引顾客的方法。例如，使用温和的女性声音或有说服力的男性声音，向冲动型购买者进行追加销售，用价格、类别均合适的商品来锁定顾客。与人工电话销售员相比，AI 几乎是零成本，而且不抱怨、绩效高、与商业逻辑高度一致，所以电话销售类工作是没有未来的。

客户支持

一旦客户购买了产品或服务，客户服务和支持就负责保持和发展客户关系。比如我们日常经常联系的移动客服、淘宝客服、银行客服等，它是与客户联系最频繁的部门而且对保持客户满意度至关重要。由于与消费者的互动关系变得日益复杂，所以客户服务部门需要一个柔性好的、可扩展的、伸缩性好的并且集成度高的高技术基础设施来及时准确地满足客户需求。客户互动会随着 AI 的应用而增加。不过，鉴于这类工作的重复性，通常会有教科书式的应答方法作为参考，客户支持将在很大程度上被 AI 取代。这一过程会分为几个阶段进行。最先被取代的将是聊天机器人和邮件客户服务，接着是涉及大量来电和相对简单产品或服务的语音服务。一开始，AI 将和人类联手工作，由 AI 提供建议性的答案、主题和固定回复。人类则将充当后备人员，处理 AI 无法处理的来电，比如来电者处于愤怒状态时的来电。这样将会缩短顾客的等待时间、提高问题解决率，并大大降低成本。这一过程会为 AI 积累大量数据，并最终使得 AI 的工作表现超过人类。如果你从事的是客户服务工作，可以从文本支持转向语音支持、从轻度支持转向深度支持、从电话或互联网服务转向面对面服务，同时也应该学习共情、沟通和劝说的技巧。

仓库工人

今天，像在亚马逊这种电子商务巨头的库房里，在沃尔玛的仓储中心，成千上万的机器人在代替人类完成繁重的商品摆放、整理、快速出库、入库等操作。亚马逊仓库已经采用了由 Kiva 系统开发的机器人，它们会把货架搬到固定位置的人类工人面前，由这些工人拣选好商品并放入箱子里。

不过，随着计算机视觉和机器人操控技术的发展，固定位置工人的工作会经历强度加大后被取代的命运。另外，AI 将很快能从事搬箱、装车以及其他仓库工作。和工厂的自动化生产线相比，仓库自动化所需的精度低，因此更容易实现。

出纳和运营人员

出纳和运营人员都是和数据、信息打交道的“无名”中间人，他们负责的工作包括文件存档、处理、采购、库存管理、错误勘查、销售额估算、向管理层报告调查结果等。随着商务流程的电子化，商务智能系统可以让整个流程实现自动化，AI 甚至能直接做出决策。这一现象不仅发生在银行业，也将出现在每一个和海量数据打交道的大公司。在 AI 时代，没有人会想成为千人一面的数据处理员。

电话接线员

电话接线员是电话类工作中最不需要用到人际技巧的工作。现在语音识别越来越精准，微软的语音识别已经超过了人类水平，以情景对话为导向的语音合成也越来越自然，谷歌最新的语音合成与人声几无区别。另外，电话类工作也随着更多的人依赖即时信息而受到挑战，因此被彻底淘汰只是时间问题。

收银员

出纳员和收银员正在被 ATM 机和自助结账机取代。日益激烈的竞争迫使零售商、银行和快餐公司大量精简人工流程。亚马逊 Go 无人商店已经预示了一个商店完全无人化的未来。不过，由于无人商店价格高昂、移动支付尚未普及且摄像头和面部识别仍存在隐私问题，无人商店不会迅速地大规模铺设。然而，基于射频识别和计算机视觉的自助结账机正来势汹汹，一同来袭的还有智能贩卖机和小型便利店。因此，收银也是一类特别容易被 AI 取代的工作。

快餐店员

食物的准备工作兼具重复性和场所固定两大特点，因此将不可避免地被 AI 取代。现有的连锁餐厅已经开始推广自动化点餐流程，很可能不久后便会使用面部识别和语音识别技术，下一步自然就是对食物的准备和烹饪进行自动化了。另外，未来还将出现烹饪和上菜全自动化的全新平价连锁餐厅，这些“机器人餐厅”将抢走传统快餐行业的生意，从而导致快餐店员工数量下降。

洗碗工

不要把洗碗机想像成一个机器人，而要把它想象成一个超大型洗碗机，能直接从餐桌上撤下碗碟，当然还有食物、骨头、餐巾和其他餐具，然后把碗碟和银器洗得锃亮。位于加利福尼亚的初创公司 Dishcraft 已经在销售这种超大型洗碗机了。这些洗碗机价格的确比较高，但是对于大型餐厅而言，和省下来的人力成本相比，仍然是可以接受的。

假以时日，大规模的投产会使洗碗机的成本降低。未来餐厅可以不需要去雇用洗碗工了。

生产线质检员

生产线工作将会逐渐被淘汰，这类工作重复性高，工作环境固定。整个淘汰过程有可能长达二十年之久，因为操控机器人对 AI 来说仍有难度。但也有一些 AI 容易上手的生产线工作，比如检查商品的损毁和瑕疵情况，像是检查 iPhone 装壳这类保证产品美观的工作，或是检查电路板这类保证产品功能的工作，这类工作利用了电脑视觉的快速发展，同时需要很少人力、甚至完全无须由人来操控。对人类检查员来说，这种工作既麻烦又累人，特别伤眼睛。所以，这类工作非常容易被 AI 替代。

快递员

因为电子商务的发展，快递员岗位近几年呈激增趋势。随着 AI 技术的发展，快递员和送货员正在被快递机器人、小型汽车、大型卡车以及无人机取代。最先出现的将是结构化环境中的室内配送服务，比如酒店客房和公寓，之后会延伸至非公共道路，最后渗透整个快递行业。短期内，电子商务会持续增长，快递需求也会随之增加，但快递工作绝不是个好选择，其中涉及的人类专有技能和人际互动微乎其微。

以上分析的是对未来工作趋势的预测。对于你们未来从事何种工作的问题，究其核心，最重要的是，你一定要做自己感兴趣的事，做自己喜欢的工作。只有你喜欢，才能做到最好。只有你爱，就会做得深，做得深才不会被人工智能取代。我的大女儿德宁从小品学兼优，拥有名校的双学位，成绩出众，她有很多机会可以涉足高端时装界，与世界声名卓著的时装设计师一起学习、工作，但几经考虑之后，她不想走那条路，而是想走自己的路。她慎重地跟我说："要进入那个领域，我必须做很多不开心的事！我可能要想尽办法去巴结那些大牌的服装设计师，还要跟着时装界的游戏规则设计那些非人穿的衣服，我不喜欢这样……我想设计更多人能穿，而且穿起来又舒服又好看的衣服。我还想设计好玩的衣服，穿起来让我们想到最快乐的儿时时光。我还想帮弱势群体设计一些衣服，例如常坐轮椅的人，买不起鞋子的孩子……"我很清楚她低调、不随波逐流的个性，看到她这么清楚自己不要什么，愿意做自己最感兴趣的工作，我非常替她开心。这也是我想跟你们说的。

在人工智能时代里，人类工作的转型在所难免，但这更多意味着新的工作方式，而非大量的失业。以德宁所在的服装设计行业为例，在过去的数十年里，因为技术的发展，特别是因为互联网的普及，服装设计这个行业已经有了很大的变化。过去学服装设计的人，必须亲自学习从材料到设计再到剪裁的每一个细节，亲自动手量体裁衣。但现在互联网上出现了不少设计师与服装生产环节之间的协作平台，通过互联网进行分工合作，设计师只要负责款式设计，并把图样发给服装制造的上游厂商，厂商就会根据设计师的设计，完成服装的实际生产。在今天这个时代，设计师不用亲手量体裁衣，就可以创造并拥有自己的时装品牌，并利用互联网的优势，进行推广和销售，所有其他环节，交给更专业的人去完成。这是互联网的兴起为时装行业带来的工作方式的转变。那么，未来随着人工智能的应用，许多简单的服装制造环节都可以由人工智能控制的机器来完成，时装行业又会经历一次新的转变。在历次变革中，懂得发掘美、展现美的时装设计师因为其工作所需的想象力、创造力而不会被替代。产业链上其他相关的工作，则会因技术的引入而不断变化。最终的结果不一定是从业人员的减少，更有可能的是服装设计、生产效率的大幅提高，生产成本的大幅降低，在此基础上，甚至可以为每个用户配备“私人”设计师，根据用户的个人爱好，来定制最美的时装作品。基于这个判断，今后服装设计师的数量一定会大幅增加。

也就是说，失业问题未必会如一些人想象的那样严重。技术发展将造成一部分简单工作、底层工作的消失或转变，但由此也会催生更多新型的、更需要人类判断力和创造力的工作类型，如设计师、架构师、建筑师、流程设计和管理者、艺术家、文学家……其工作不但不会被取代，反而会成为未来的稀缺资源，吸引更多在社会和经济转型中愿意尝试新领域的人来从事类似工作。你们将要面临的是一个机会多多，更有挑战性的社会。

主　题　谈人工智能时代的教育

过去，我们对教育成功的衡量标准是学生能不能记得被教的东西。但是未来，教育的精华体现在即使你忘记了所有你学的东西，你还具备思维方式、智慧和能力。

发件人：李开复

KAI-FU LEE

第　四　封　信

谈人工智能时代的教育

曾经有人问过我这个问题："你出生于一个热爱祖国、重视东方传统文化的家庭，受教于美国院校。作为一个有东西方教育背景的人，你是习惯于用英文思考，还是用中文思考？"这个问题也让我重新思考我受过的中西方教育对我的一生的影响。AI 的发展、社会的进步又对教育提出了新的要求。在这封信里我想跟青少年朋友们谈谈我受过的中西方教育，以及对 AI 时代的教育提出一些展望。

我第一次接触西方文化是在 1972 年。在父母的期待和鼓励下，11 岁的我来到了美国南方田纳西州的一个小城市。在这个只有两万人的小城市里，来自中国的小学生只有我一个。

第一年，由于听不懂英文，我完全是在半梦半醒中度过的。但我的老师从来不给我压力，而是给我很多正面的鼓励。例如，我不会英语，老师不但不嫌弃我，还利用午餐时间教我说英语。后来，老师发现我这个听不懂英文的中国孩子有良好的数学天赋，就鼓励我参加田纳西州的数学比赛，结果我得了第一名。我在美国新接触到的教育方式以表扬和鼓励为主，这让我信心十足，并在我幼小的心灵里播下了自信和果敢的种子。

凭借着自信和勇气，我很快克服了语言障碍。两年后，在一次州级写作比赛中，我居然获得了一等奖，当地的老师十分惊讶——这个刚适应美国生活的中学生居然还有人文方面的天赋。此后，我到芝加哥大学参加了暑期进修，参加了校学生会的主席竞选，创办了新的学生刊物，还在高中阶段创立了三个盈利的公司。那时，美国青年成就组织（Junior Achievement）开展了一个“高中学生创业尝试”课程，学生在商业志愿者的指导下创办一个学生公司，整个办公司的过程涉及发售股票，召开股东会，竞选管理者，生产和销售产品，财务登记，开展评估，清算公司等项目。我们以此来学习商业运行的方式，了解市场经济体系的结构和它所带来的效益。我第一年被推选为公司的副总裁，负责销售，我们做的产品不算成功，虽然公司有盈利，但主要还是靠学生家长买来内部消化了。因为切身参与，我意识到真正好的产品不是求人去买的，而是必须有市场需求。第二年，火热的激情在我心中燃烧，我发表慷慨激昂的演讲，站出来竞选总裁，并且表示“自己的产品一定要有新的创意，而不是等着顾客，用恳求的目光看着他们以施舍的心情来购买，而是带着激动的眼神、惊喜的心情来购买我们的产品”。同学们也被我的热情感染，一致把票投给了我。那一年，我所就读的橡树岭中学里的午餐时间被校方缩短，一些同学向校方反映情况没有结果。这件事给了我灵感，何不利用这个机会创办一个公司？我们可以生产T恤，T恤上印上表达我们诉求的标语，比如“延长午饭时间”等，这样的T恤一定会受到同学们的欢迎。有了这个想法，我们几个志同道合的朋友很快成立了领导班子，我们每周组织召开员工会议。作为公司领导人，我首先面临资金链的问题，我们发起了100多个股东投资我们的公司，然后找一家生产 T 恤的工厂为我们生产 T 恤，第一批是纯棉的，但是我们很快发现这样的 T 恤既会缩水，又会褪色。我们商讨决定，只有往材料里加入 35% 的人造纤维或者涤纶，才能保证质量。又经过几轮的试验，我们发现当 T 恤的材料由 50% 的棉和 50% 的涤纶组成时，才不会缩水和褪色。接下来就是销售了。开始，我们采取直销的方式销售 T 恤，找到有高中生的家庭，一家一家地上门推销，虽然效果不错，但销售进度确实比较慢。后来，我们大胆采取了新的销售模式，寻找批发商和专卖店。我们卖给批发商 100 件，地方零售商 60 件。我们给批发商 10% 左右的佣金。年终，我第一次像模像样地撰写了公司的财务报告，不但包括《收入报告》《资产负债表》，还有《清算报告》，我第一次知道了公司的运转需要现金流的顺畅，我也第一次知道，当我们把商品销售到田纳西州以外的公司时，田纳西州的税率是不适用的。在写财务报告时，我们惊喜地发现每个股东得到了 64.90 美元的回报，这个结果创造了我们高中有史以来最高回报率的记录。而且这个公司经过评比，得了 1978 年全美青年成就组织的第一名，成了那一年的年度最杰出公司。

这次小小的成功让我收获了一种“我可以成功”的信念。它让我得到了前所未有的宝贵的成就感，有了对生活无所畏惧的冲动，让我大有去建立一番新天地的勇气。在这种鼓励中，我得到了心理暗示。这种心理暗示时刻影响我今后的价值选择和行为方式。除了设立公司获得荣誉，当年我还得到了全州数学竞赛冠军。另外，我还是学生会的副主席和《搞笑校刊》的创办者，我成为了一个活跃而积极的学生。

曾经有个记者写自己的儿子进美国学校的感受：“10 岁的孩子被送进了美国学校，上英文课，老师布置的作业是写论文，题目居然是《我怎么看人类文化》；上历史课，老师让孩子扮演总统顾问，给国家决策当高参；在中学的物理课上，作业竟然是一个市政研究项目——城市照明系统的布局；而道德教育，居然是从让孩子们爱护小动物开始……”没有统一的教科书，没有统一的考试，没有对学生三六九等的分类排位，这就是呈现在一个中国记者眼前的美国教育。

的确，我在橡树岭读中学的感受就是，学校的功课很轻松，每天的家庭作业很少，但是每天有很多稀奇古怪的项目。比如，当时历史课教到美国印第安人的时候，不是用课本告诉你发生了什么，而是让一个团队写一个话剧，或者是进行关于移民者和印第安人的辩论。学生的创造力和想象力，可以在这些稀奇古怪的题目中得到锻炼。这样的教育的差别是：引导学生从不同的观点看问题，没有正确答案；经过参与和实践真正理解；强调团队合作，避免零和思维。

后来微软中国研究院面试时，我们也运用了对这种思维方式的考验，我们向面试者提出了这样的问题：

为什么下水道的盖子是圆形的？

估计一下北京一共有多少个加油站。

你和你的导师如果发生分歧怎么办？

给你一个非常困难的问题，你想怎样去解决它？

两条不规则的绳子，每条绳子的燃烧时间为 1 小时，请在 45 分钟烧完两条绳子。

这些题目虽然听上去很“怪”，但我们出题的本质也不一定要听到正确答案，而是要从回答问题的思路中听到面试者的思维方法。

在美国求学的日子里，我不断从亲人和师长的鼓励、教导中获得自信与自觉，从课堂学习和课下自修中汲取思想和知识，从失败中获取教训和勇气，从竞赛和挑战中品味成功的快乐，从活动和交友中体验积极和勇敢。后来，在大学里攻读学士和硕士学位时，我继续培养和发展我的美国式思维方式，同时理解了自修的重要，也认识到了兴趣才是人生的向导。攻读博士学位时，导师既要求我接纳、包容不同的思想与方法，也要求我培养严谨、求真的科学态度。

毕业后，在十多年的职业生涯里，我有幸参与了最先进的科研、教学与开发工作，不但指导了卡内基·梅隆大学最优秀的学生，还亲身经历了苹果公司的辉煌与低迷，体验了 SGI 公司的先进图像科技，并在微软公司提供的宽广舞台上取得了一个又一个的成功。从苹果到微软，我历经了无数次的机遇与挑战，在各种不同的职位上，我充分感受到将最有价值的知识和方法用于技术研究或产品开发是一件无比快乐的事。我有幸在约翰·史考利、比尔·盖茨和史蒂夫·鲍尔默身边学习领导的艺术，了解管理公司的秘诀，体验人才和公司价值观的重要性。我学会了该如何做一个受员工爱戴的领导者，以及该如何做一个受领导器重的员工。我也深深意识到，在世界一流的企业里，管理者最需要的是情商而不是智商。在我管理公司时，我努力想把自由、平等、快乐、放权、直白的沟通等理念注入公司文化，我也完全理解东方员工身上特有的含蓄、严谨和中庸之道。我努力让这些中西文化中的优质理念在我的公司里交相辉映。

在美国的三十年里，我的头脑是经过了三十余位师友、同仁和领导的教诲与栽培，又在学术研究、产品开发、企业管理的实践中经历了无数次跌宕起伏后历练而成的；而我的心灵则深深地烙着中国传统文化的印记，是我的父母在我小时候用以身作则的方法培养和塑造出来的。

我的母亲孕育我的时候，已经 40 多岁了。当时，周围有很多人劝她，不要冒险在这样的年龄生儿育女，但她还是固执地将世间最可宝贵的东西——生命赐给了我。母亲对我期望甚高。小时候，每一篇课文，每一个毛笔字，母亲都会亲自督促我做到完美。每天早晨五点，母亲会亲自把我叫醒，送我上学读书，下午放学后又会亲自到学校接我。我读书不用功的时候，母亲会生气地把课本丢到门外；我读书有进步的时候，母亲会买来我最喜欢的历史小说作为奖励。

现在回想起来，我小时候最喜欢的事情就是躺在母亲怀里读书。那时候，如果有人问我最怕谁，我会马上回答“最怕妈妈”；但如果有人问我最爱谁，我也会毫不犹豫地回答“最爱妈妈”。正是这样一位严厉而又温和的母亲教会了我什么是严谨和务实，什么是品行和礼仪，什么是快乐和温馨，什么是忠孝和诚信。

我 11 岁的时候，母亲果断地决定送我到美国读书。这对我是一个机会，而对母亲却是一个不小的牺牲。她不仅要让心爱的幺儿远离家乡，而且还要每年抽出六个月的时间亲自到美国陪我读书。在伴读的六个月里，她要默默忍受语言不通、文化迥异的生活环境；而在分别的六个月里，她又嘱咐我每周用中文写一封家书，还帮我改正每封信中的错误，以提醒我永远不要忘记中国文化。

我很庆幸我有这样一位既传统又开放的母亲，她给了我两样最珍贵的礼物——生命和自由；我同样庆幸我还有一位正气凛然的父亲，他也给了我两样珍贵的礼物——无私的品格和对祖国的热爱。

在我的心目中，父亲是道德和正义的化身。在父亲的书房中，悬挂着钱穆先生题写的“有容德乃大，无求品自高”十个大字，这是父亲终身的座右铭。在贪婪和自私遍布政坛的时代里，父亲一身正气、两袖清风，从来没有拿过不正当的钱。父亲一生心系家国，《大陆寻奇》是他唯一感兴趣的电视节目。父亲病危时梦见自己来到海边，在一块石头上捡到一方白纸，上面写着“中华之恋”。父亲临终时，面容安详，嘴角带着微笑，但家人们都明白，他内心深处必定留下了极大的遗憾。他曾告诉儿女自己有一个未竟的计划，就是再写一本书，书名叫《中国人未来的希望》。

父亲把他最珍爱的东西——钱穆先生亲笔题写的条幅传给了我。每当我看到“有容德乃大，无求品自高”这句话时，就会回想起过去的往事，同时又会激励我憧憬未来。我渐渐明白，父亲是在以自己为榜样，无声地指引着我克服困难、走向成功。

我的父母用他们的亲身实践证明了融会中西方文化对于青少年培养的重要性，他们在教育子女过程中的一言一行都足以成为我们探讨教育方法、教育理念时的最佳参考。我的亲身经历告诉我，培养融会中西、完整均衡的人才是教育事业的重中之重。所有从事教育工作的人都应该从根本上认识到国际化人才培养理念及培养体系的重要性。

人工智能时代对教育又提出了不一样的要求。AI 不能取代的技能有创造力、战略思维、跨领域思考、关怀和同理心，所以我们的教育就要注重培养这些特质。通过更新教育模式来培养学生的“3C”——Curiosity（好奇心）、Critical thinking（批判式思维）、Creativity（创造力）。世界各地的教育家们已经在积极探索新的教育模式。

2013 年，美国著名的教育家们联合创办了一所神秘的四年制本科大学——密涅瓦大学（Minerva Schools at KGI）。这所大学的录取率低于 3%，远低于哈佛的 8%~9%，是全美录取最严格的本科院校。被录取的第一批学生，收到的录取“通知书”是一个精致的小木盒，木盒盒盖上用英文写着“好奇心”的字样，木盒内是一台定制的 iPad 电脑。只要打开电脑，密涅瓦大学的创始人本·尼尔森就会收到通知，并与学生进行一次视频通话，安排学生在旧金山开始四年的学业。

这样低的录取率，这么有趣的新生报道流程，这所神秘的大学究竟有什么过人之处？

密涅瓦大学的创始人相信，传统的四年制大学已经无法适应未来的需要，大学教育的过程本身需要被改革甚至被颠覆，在线课程、讨论小组、实习实践、自我探索和自我完善将成为今后教育的主流模式。基于这样的思路，密涅瓦大学使用的是一套名为“沉浸式全球化体验”（Global Immersion）的教学方式。密涅瓦大学的所有入学新生都要在旧金山的一个独特的校区完成第一年的学业，这一年的主题是“基础”，但学生所学的课程与普通大学一年级的课程有非常大的差异。密涅瓦大学的教育家们相信，让学生付费去学网上随处都可以找到的基本课程，比如基础的计算机导论、经济学导论或是物理学导论，这是得不偿失的事。因此，密涅瓦大学的一年级课程直接将知识课程与四种极其重要的方法论有机结合起来，变成形式分析、实证分析、多元模式交流、复杂系统四大课程板块。形式分析主要用于训练学生精密、合理思考的能力；实证分析重在培养创造性思维和解决实际问题的能力；多元模式交流则关注使用不同方法进行有效交流的能力；复杂系统重点在于复杂环境中的有效协作。

从大二开始，密涅瓦大学的学生们会进入专业课程学习阶段，这一年的主题是“方向”。学生可以跟导师一起，从艺术与人文、计算科学、商学、自然科学、社会科学这五个方向中择定自己的专业，也可以选择攻读两个专业。

大三的主题是“专注”，要求学生深入各自专业方向的领域内部，培养精深的专业技能。

大四的主题是“综合”，重在培养学生学以致用的能力。

最独特的是，除了大一在旧金山外，大二到大四的3年内，学生每年都会到世界上的一个不同的地方完成学业。密涅瓦大学分布在全世界的教学地点包括海德拉巴、布宜诺斯艾利斯、台北、首尔、柏林、伦敦等。专业课程教学时，没有死板的课本，也没有传统的填鸭式授课，每堂课同时参与的学生人数很少，最多不超过20人，以远程教学、集体讨论为主，学生可以与分布在全球各地的著名教授交流、互动。同时，在教学之余，学生要在当地进入一家与自己学业相关的代表性公司，在实习中培养自己的全面素质，真正学会如何工作。

对密涅瓦大学的大胆实践，人们有很多争议。密涅瓦大学与谷歌、麦肯锡、高盛等企业有合作关系，培养出来的人才，很多都可以满足这些一线企业的实际需要。但这种近乎颠覆式的模式到底是不是未来最好的教育形式，这恐怕要经过更长时间的检验才能下结论。就拿密涅瓦大学重点采用的远程在线教育的方法来说，其优点是学生可以随时与最优秀的学者互动，从更多不同风格的教授身上汲取知识、经验，但在线教育缺少面对面教学时的那种沉浸感，有时候难以深入交流的问题也比较明显。

无论如何，实验性的密涅瓦大学给“未来如何学习”提供了一种建议性的答案。其实，在清华大学，有识之士也在积极做着有关新教学模式的探索。

姚期智院士创办的清华学堂计算机科学实验班（又称“姚班”）就

是其中很有代表性的一个。姚班专注于“因材施教”和教学上的“深耕”“精耕”，设置了阶梯式培养环节：前两年实施计算机科学基础知识强化训练，后两年实施“理论和安全”“系统和应用”两大方向上的专业教育；着力营造多元化、富有活力的学术氛围，建立多方位、多层次的国际学术交流平台。

姚班对于本科四年课程的设计，与密涅瓦大学有异曲同工的地方。最重要的是，姚班不但提倡多元和专深相结合的教学方法，还特别鼓励面向实践、面向解决问题的教学氛围。计算机科学本身就是一门强调实践的科学，姚班特别鼓励学生在学习期间参加竞赛，或参加谷歌、微软等科技公司的实习项目。我所创办的创新工场与姚班之间，也尝试了共建人工智能课程的合作，将最前沿的产业实践经验、创业经验带给姚班的学生。

同学们，未来 AI 一定会成为很重要的工具，我建议你们去了解编程，学习 AI 的相关知识。这并不意味着从事 AI 相关的工作就是未来的唯一出路，而是你们可以用 AI 和编程相关的知识来提升自己，培养分析问题的能力，锻炼批判式思维，利用 AI 作为工具来辅助你更好地工作。就像你学了代数，也许不会去研究数学，但是这对锻炼你的思维有帮助；你学了英文，不一定会出国，但是英文可以在了解世界最前沿的文献、在有效交流方面帮助你；你学了画画，不一定成为画家，但是你在学习画画的过程中锻炼的观察力、空间力、想象力会对你有帮助。过去，我们对教育成功的衡量标准是学生能不能记得被教的东西。但是未来，教育的精华体现在即使你忘记了所有你学的东西，你还具备思维方式、智慧和能力。当你已经忘记了历史事件发生的年代，你还是知道历史带给我们的人类的智慧和教训；当你已经不会编程了，你还是有编程带给你的逻辑；当你已经不会背莎士比亚的诗了，你依然懂得诗的美，这些才是教育的精华。在同理心、合作能力以及所谓的软实力培养上，你可以多跟其他同学一起完成项目。未来的教育会更强调人际互动，未来的学校也会有更多合作项目的教学活动。你们可以在做项目的过程中锻炼自己的创造力、协调沟通能力和人际交往能力。

人工智能时代，学习或教育本身不是目的，我们真正的目的是让每个人在技术的帮助下，获得最大的自由，体现最大的价值，并从中得到幸福。

主　题　**谈读书**

我人生中有三个阶段做到充分阅读，每年阅读各类书籍超过一百本，那是我最快乐、成长最多、得到养分最多的时期。

发件人：李开复　▼

KAI-FU LEE

第五封信

谈读书

很多青少年朋友问我，上学期间最重要的事情是什么，我觉得是读书。读书意味着分享前人传承的经验与思索，意味着在前人思索的引领下思考自身。查理·芒格说过："我这辈子遇到的聪明人，没有不每天阅读的——没有，一个都没有。"我认为理想的阅读状态是让读书成为每天的习惯。这封信我想跟大家谈谈读书，给大家几点关于读书的建议，希望能够帮助你们有选择地阅读好书，从前人的智慧中汲取灵感、获得成长。

我人生中有三个阶段做到充分阅读，每年阅读各类书籍超过一百本，那是我最快乐、成长最多、得到养分最多的时期。

很小的时候，我就躺在妈妈的怀里念《唐诗三百首》了，别人还不会加减法的时候，妈妈就已经让我背诵"九九乘法表"了。我 5 岁到 11 岁的那段时期，父亲买了各种各样的书，让我在家里阅读。记得有一次我考了第一名，母亲带我出去买礼物。我看上了一套《福尔摩斯全集》，母亲说："书不算是礼物，你要买多少书，只要是中外名著，随时都可以买。"结果，她不仅买了书，还买了一只手表作为礼物送给我。从那时起，我就爱上了读书，一年至少要看两三百本书。当时，我看了《双城记》《基督山伯爵》一类的西方文学，也读了《三国演义》《水浒传》一类的中国古典文学，但对我影响最大的还是名人传记。海伦·凯勒虽然失明、失聪但依然进入一流大学的经历，对我未来性格中坚韧和勇气的形成有很大影响。爱迪生的发明改变了人类的生活，这让我向往成为一位科学家。那个时候我把书当作一种能无限索取的礼物，贪婪地索取。也是在那段时间，我对很多中国历代的典籍有了一些初步的认识。在那差不多六七年的时间里，我每年都保持着很大的阅读量。我感谢母亲，因为有母亲的支持，我才能在小小年纪就看了这么多本书，并养成了终身读书的习惯。

然后我去美国上学，中断了一段时间，直到我上哥伦比亚大学。那时我算被逼着读书，因为在哥伦比亚大学有一个非常有名的核心课程，基本上一年就逼你读一百本书，大部分是西方的哲学、文学类书籍。说实在的，那段阅读时光不是特别享受，你可以想象，一个英语不是母语的人要读那么厚的一本书，而且每周要读两三本，压力非常大。大一的时候，我大部分时间都在学习美术、历史、音乐、哲学等专业课程，接触了很多东西，我觉得这是找到自己兴趣的机会。在上哲学课之前，老师要求我们阅读尼采的著作，领悟柏拉图的思想，思考辩证的关系。课堂上，我们分成两组讨论什么是辩证法，辩证法的本质是什么。我们分析尼采，分析亚里士多德，分析柏拉图，对于不同的观点进行激辩，在一次次的辩论中，我们的价值观不自觉地受到了影响。但是多年之后，当我回忆在哥伦比亚大学读的那些书，我深深地体会到，其实人性的一切，在莎士比亚的书里都可以找到，很多东方的智慧在西方的书里也一样可以找到。记得有一次，我向老师提出，为什么我们的哲学课都是西方哲学？ 为什么不用同样的方式研究东方哲学呢？虽然哲学的终点是一样的，但是西方往往是经过客观、理论、分析的方式，而东方更多的是以感性、精神、体验的方式。探索这两种方式的相似和不同不是能更好地讨论题目吗？后来，很多同学也表示对这方面有兴趣，亚洲各国的崛起也让学校展开了核心课程中的“全球化”部分，融入了许多东方哲学和人文的内容。

在哥伦比亚大学，我最难忘的是学习文言文的经历。我在大学四年级的时候选择了“文言文”的课程，这门课只招收懂中文的学生，而教课的老师是一个纯粹的美国人。他的中文造诣很高，但发音还是很成问题，因此，全班说的都是混杂着世界各地口音的中文。我们在文言文边上标上英文注释，在“之乎者也”旁边画上标注。一直到今天，我还保留着当时厚厚的教科书《文言文入门》（*A First Course in Literary Chinese*）。我们辩论老庄哲学，分析孔孟之道。老师依然是用启发思考的方式让我理解古人的哲学。我们既学《论语》选句，也学《战国策》里的《邹忌讽齐王纳谏》，也学梁启超的《少年中国说》以及孙文的《上李鸿章书》。现在看到当时做的笔记，我还觉得非常可爱。比如《邹忌讽齐王纳谏》里的“由此观之”，我在旁边标注“from this we view it”，在“孰视之”的旁边标上“look at him”。回想当时，我和同学们经常用英文激烈辩论老子的《道德经》，以及庄子的“吾生也有涯，而知也无涯。以有涯随无涯，殆已”。在哥伦比亚大学，我既学习西方哲学，也学习东方中国的古代哲学。主客两分是西方文化的特色，主客合一是中国文化的特色。就总体世界观而言，西方哲学侧重“天人之别”，中国哲学侧重“天人合一”。了解中西方文化，开拓了我的视野，这对于我成为一个融会中西的人，是必不可少的文化熏陶。

四年大学毕业以后，我又回到我的理工男的生活。有段时间，我特别想为中国的教育做些什么。我一边在美国微软总部忙碌地工作，一边思考我所能够做的事情。我开始疯狂阅读一些有关教育的书籍，并在书籍的空白处做满了笔记。在几个月的时间里，我读了加州大学校长卡拉克·科尔（Clark Kerr）提倡研究性大学的《大学的用处》（*The Uses of the University*），他的自传《金色和蓝色》（*The Gold and the Blue*），批评大学教育商业化的《市场中的大学》（*Universities in the Marketplace*）以及《美国大学的崛起》（*The Role of the American University*）等书籍。同时，我还认真学习杜威等教育家的教育理念。我试图在这些书本里面挖掘有关教育的真经。每天的工作完成之后都是夜幕降临的时刻，而此时的我都在孤独而快乐地做着研究。虽然，后来我的关于教育改革的研究没有实行，但现在回想起来，那样专注读书做研究的时光真是美好。直到后来生病，生了病在家很多事是不太适合做的，所以我选择读了很多书。生病后，读书让我重新衡量人生。印象深的是护士布朗尼·韦尔的一本书，它记录了人在临终时最后悔的五件事，其中一件事是希望当初没有花那么多时间在工作上，这引起了我强烈的共鸣。我最盼望的是能有更多时间和自己爱的人、朋友、帮助过自己的人在一起。这本书使我重新权衡工作、生活的安排，重新衡量人生价值。在生病期间，我读了很多心灵方面的书，还有东方文化、历史方面的书，感觉非常有收获。

所以我觉得一个人充分阅读，把阅读当作日常，是一种享受，是一个汲取养分的过程，是一种最好的成长。

很多同学向我提问，他们虽然知道读书的重要性，但是就是读不进去书，觉得读书很枯燥，没有办法喜欢上读书。我觉得这可能是因为你们还没有遇到自己喜欢的书。读喜欢的书，能使你或是在知识上得到开发、增进，或在视野、人生经验上有所开阔、拓展，或在心理、心灵上得到共鸣、提升。看书看不进去，如果是针对你的专业书或者教材而言，也许是你缺乏对该专业的兴趣，因此你要考虑的是如何处理专业与兴趣的问题。如果是你有兴趣但仍然看不进去，那么，问题就是如何选择适合自己的读物。有些人花了很多时间去跟一本不合适的读物“搏斗”，却不知把时间花在选择读物上可以事半功倍，而且是磨刀不误砍柴工。有的书只需要瞟一眼目录就够了，有的则需要细读深思甚至做笔记进行摘录。为自己找到质量够高、语言表述足够吸引你的读物，本身就需要花不少时间。在选择读物上，也要多接触信息，才能有更多机会去选择。接触信息的途径有很多，如听听朋友和老师的推荐、逛书店和图书馆以及上网等。这些途径可以带给你各种出版物的信息以及课题的研究动态和现状。你需要耐心地从各种无用的、质量不高的、太难或太浅显的读物中找到你需要的那部分。找到令你受益的书籍后，你自然就会享受到专心阅读的乐趣。

有些同学觉得自己读书时专注力不强，读一会儿书就分神。研究表明最有效的读书方式是专心看 30~50 分钟，然后休息 5~10 分钟。你不妨自己稍作记录，看看自己的最佳专注力能持续多久。如果你根据自己的记录发现专心读书的时间达不到 30 分钟，那你不妨给自己一点压力，建立逐步增加专注时间的训练，找到自己专注的幅度，先从 20 分钟开始，然后再慢慢拉长时间。你还需要找到专注后有效放松的方式，比如做深呼吸，做几个俯卧撑，喝些水。每个人一天 24 小时读书的效率是不一样的。对大部分人来说，白天读书会更专心，但是有些“夜猫子”是夜里更有效率。还有你一天的精力也会改变，可能睡足午觉或运动完后精神更好，而刚吃完饭时精神较差。所以建议你用精力最集中的一小时读那些最需要专注的书，这样往往可以完成四五个小时才能完成的工作。读书时可以交替读不同种类的书，这样不容易枯燥。

读书是一件需要坚持的事。如果要长期坚持做一件事情，必须先说服自己，认识到这件事的重要性，还要配合相当的意志力。有同学想每天运动或写日记，但又怕做不到。或许可以先低标准地要求自己，开始时只要坚持锻炼十分钟，或写两行字，这就增加了可行性，再慢慢提高自己的标准。在看书感到枯燥时，花一点点时间，每天 20 分钟或 30 分钟，让自己稍作休息。运动是提高学习效果的一个有效方式，德国哲学家康德一旦开始思索问题就一定要外出散步，不论晴天或雨天，按时出去散步成为他每天的例行工作。当你坚持读书，发现读书渐渐成为一个习惯，每天不由自主地想去做时，这就达到了一种很好的状态。

有同学告诉我说一年看了一百本书，但是仍然觉得收获不多。我觉得一年一百本是一个可观的数量，但当你看了一百本书但是觉得收获不多，你应该考虑下你读书的方式。你可以从以下几个方面去梳理读书这件事，你要看下你是如何选书的？ 你是照兴趣挑还是随手挑？ 多少是课内的书？ 多少是课外读物？ 你期待从书中得到什么？ 虽然收获不多，但多少还是应该有的，可列举一些吗？ 多少是你愿推荐给别人看的书？ 这些书你虽然看了，但是你有没有真正看懂？ 你要梳理一下它们有没有刺激到你的思想，每读完一本书你可以尝试去写一篇心得，或者用短短三五句总结你的收获。如果没有，你应该先回头把你读过的书里觉得最有意义的几本再看一遍，把自己的心得写下来。看透了这些书，再去看其他的书。

在应该读什么书方面，我有以下几个建议：

1. 多读不同意见的书

很多同学告诉我说他们常常这样被教育——书上写的就是对的，读了书要把它背下来，我觉得这样很不利于培养你们的批判性思维。其实每一件事情都有很多面，对同一件事情我们可以持有不同的观点、不同的意见。我建议大家不要把书当“圣经”，要多去读一些不同观点的书，而不是只读那些你同意的，符合你观点的书。当你尝试读一些跟你的观点有冲突的书，了解别人的思考角度，慢慢地你就可以养成多角度思考事物的习惯，不仅可以培养批判式思维，而且你会发现这个世界的丰富、有趣。

2. 多读历史方面的书

走了这么长的路，看了这么多的事情，读了这么多的书，我的感受是历史总是在重复，人类还是不断地在犯过去犯过的错误。我想如果我们每个人都多读历史的话，也许我们可以多了解一些人性，可以少走一些弯路，也可以从宏观上去把握事情的走向，让自己成为一个通透的人。

3. 多读中西文化的书

我认为我在思想上中西融合的特点是源于我在哥伦比亚大学时对两种文化强烈的好奇心和深刻研读。我读的那几百本书，对我有非常深刻的启发。中国古老的思想、文学都非常精湛，可以从中学到很多东西。西方英美哲学家的书、莎士比亚的书对培养我的逻辑思维和了解人性也有很多益处，我一直很庆幸自己求学时对东西方思想的平衡吸取，让自己在思想上做到中西融会贯通。

4. 少读翻译劣质的书

老师和家长会经常建议你们多读西方的名著，我的建议是，如果你的英文够好，就尽量读原文。如果英文水平不够，可以先请教老师推荐一个翻译比较好的中文译本，因为翻译劣质的书会流失很多有价值的东西。我读过《史蒂夫·乔布斯传》的两个中文版本，翻译水平有很大差异。尤其是你们在培养阅读兴趣的时候，如果读了很多翻译劣质的书，就很容易让你们丧失阅读兴趣。

5. 少读纯理论的书

当你们在培养阅读兴趣时，尽量少读纯理论的书，有些纯理论的书，不是在过去实例的验证之下写成的，而且读起来确实很枯燥，很容易让你们丧失读书的兴趣。

所以我会建议同学们去读那些有真实的事例穿插的书，这会让你们的阅读效果真实可感。读书一定要把书读懂，培养出读懂书以后的成就感和兴趣，就不会觉得读书是白读了。

6. 少读成功学的书

每次走到书店看到我的书被放到成功学的类型，我就想低着头走过去。因为，我觉得大部分成功学的书，其实都是一些没有实干过的人，把一些理论攒起来，让你认为自己看完也可以成功的书，而且它教导的可能是“你只要模仿谁谁谁就可以成功”。但是，实际上每个人是不同的，每个人成功的模式也是不同的。

而且，你不妨先看一下，那些写成功学的书的人，他们自己成功了吗？ 他们自己有经验吗？ 他们分享的是攒来的经验还是自己的经历总结呢？ 如果你很想学习一些成功的典范，我会推荐多看自传。看自传的时候，也要看是作者本人写的自传，而不是授权别人写的。即使看作者本人的自传，也不要盲目地去学习对方的一切，因为每个人是不一样的，去学习那些适合你的。

最后，很多同学把不读书的原因归罪于没有时间，说学业压力太大，完成老师布置的作业都已经够呛了，没有时间去阅读大量的书。其实，读书的最大误区或者说不读书的最大理由就是——没有时间。如果一年读一百本书看起来遥不可及，那就先想一想，你每一天有哪个时间段能空出半小时来读书的，如果想到了，从现在起就开始执行，拿起书，读下去！

主 题	谈创新

重要的不是创新，而是有用的创新。

发件人：李开复

KAI-FU LEE

第六封信

谈创新

创新是我的人生的一个关键词。我的学习和职业生涯一直都和创新息息相关，在读博士时，我成功开发出了语音识别系统，语音识别率已经达到了 96%，这在当时算得上是计算机领域最顶尖的科学成果。在 SGI 公司时，我和研发团队只顾埋头创造，却忽略了做市场分析和调查，最后我们虽然做出了又酷又炫的产品，但是却没有市场。我们的创新没有给公司带来任何价值，最后不得不解散团队。这件事是我所经历的最大的一次失败，从中我却收获了对创新更深层次的认识，那就是“重要的不是创新，而是有用的创新”。在 21 世纪，无论是对个人还是企业来说，创新都是非常重要的。在即将到来的人工智能时代，拥有创造力、创新思维是人类区别于人工智能的最大优势。在这封信里，我想结合我自己的经历，和这些年来对创新的实践和理解，和你们谈一谈创新，以及对你们培养创新能力提出几个建议。

创新在人类的整个文明史中所扮演的角色是大不相同的。我们不妨先回顾一下通信技术的发展史。

据说，距今5000多年前，古埃及人使用鸽子来传递书信。3000多年前，从商周时代开始，烽火就是一种非常有效的传递战争警报的手段。2000多年前，古波斯人建立了有信差传邮的邮政驿站，使用接力方式传递消息。300多年前，在17世纪中期，法国在巴黎街道设立了邮政信箱，出现了邮票的雏形。100多年前，第一枚现代意义上的邮票于1840年才在英国诞生。可见，在工业革命以前，通信技术的创新在时间进程上显得非常缓慢，更新换代是以千年、百年为单位进行的。

随着19世纪工业革命的完成，科学技术飞速发展，全新的、高效的通信技术以前所未有的速度涌现出来。1832年，电报机诞生。1850年，英国和法国之间架设了第一条海底电缆。1876年，贝尔发明了电话。1895年，马可尼采用无线方式实现了远程无线通信。1925年，电视发明，不久，电视转播就迅速普及。1963年，美日利用卫星成功地进行了横跨太平洋的有源中继通信。20世纪70年代出现了最早的移动电话和最早的电子邮件。80年代中后期，便携的手机出现在人们的视野中。每10到20年，通信技术都有一个重要的创新。最近的20年，更是互联网和手机通信在全世界范围飞速发展、普及的20年。无论怎样计算，近100多年通信领域里的创新速度都比工业革命以前提高了无数倍，一个个改变人类生活面貌的创新以每几年、每一年甚至每个月的速度出现在人们面前。21世纪的人们已经习惯于这样一个事实：在高速发展的科技创新面前，任何对未来的憧憬都有可能因为明天出现的某一项创新而在短期内变成现实。

除了周期更短、更新更频繁的特点以外，在21世纪，创新的应用性也更强了。如果说古代的创新对于人们生活的改变还不是那么重要的话，在21世纪，几乎每一项有价值的创新都可能迅速、有效地改变人们生活的某一个侧面。以前，更多的发明、发现是基于对自然界的新的认识，今天，大多数创新则是为了解决现实生活中遇到的实际问题，比如，个人电脑的发明，互联网的发明，等等，它们都在最大程度上改变了人们的生活方式。

很多人仅把创新理解为科学技术领域的创新。其实，创新有很多种。创新可以是一个新颖而有效的商业模式，可以是一种新的管理模式，也可以是文学艺术领域里一次开创性的实践，甚至可以是家居生活中的一个新鲜而有趣的创意……简单地说，创新就是在知识积累和生活、工作实践的基础上，由一个新颖的创意产生的，对人们有用，同时又具备可行性的一种创造性活动。

新颖、有用和有可行性是创新之所以为创新的三大要素。

新颖是创新的必备要素。但是，新颖并不意味着，每一次创新都是一种开天辟地式的革命，或者是对已有知识领域的全面颠覆。像相对论那样的具有革命意义的理论成果，诚然是创新的一种，但实际上大部分的创新，是在某个较小的范围里，用新颖的思考方式，通过前人未经留意的视角来观察和解决问题。这种新颖的思考方式也不见得是前所未有的，而且很有可能是从别的领域借用的。这样的创新离我们的生活更近，其价值同样不可低估。

比如说，微波炉是美国科学家斯宾塞发明的。他原本是电子管技术领域的专家，二战期间，斯宾塞在测试新的磁控管技术时，偶然发现，口袋里的巧克力会因为接近磁控管而融化。这件看似意外的事情让斯宾塞联想到，如果磁控管的微波加热原理可以应用到家庭，是不是就能用类似的装置来实现食品的快速加热呢？ 微波炉就是在这样一种偶然的情况下诞生的。我们除了赞叹斯宾塞敏锐的技术洞察力和跨越式的思维方式以外，也应当想到，仅仅通过把一个领域里的经验应用到另一个原本不相干的领域里，就完全有可能获得一个出色的创意，并完成一次伟大的创新。我们可以把这种创新称为经验转移型的创新。

再比方说，家用面包机的原理非常简单，一个容纳面粉和水的锅，一个自动搅拌面粉的搅拌器，一个拥有定时装置的烘烤电炉。锅、搅拌器、定时器、加热烘烤电炉，这些东西每一样都没有什么新颖的地方，但是，为了满足烤制面包这个生活中常见的需求，松下公司的工程师们把这些看似简单的装置组合在一起时，一个创意新颖的家电就诞生了。我们可以把这种创新称为跨领域组合型的创新。

许多人会认为创新最重要的元素是新颖，但我认为创新的实用价值更应着重考虑。我曾经有过一次新颖但实用价值不高的惨痛的创新体验。当年我在 SGI 工作的时候，曾经领导开发过一个三维浏览器的产品。仅从这个产品本身，或者从技术角度出发，几乎每个人都认为这是一个非常酷的产品。想象一下，在三维的视图里访问互联网，像玩游戏一样，从一个网站链接到另一个网站的操作，就像从一个房间走进另一个房间那样逼真，在当时，这是一个多么有创意的产品呀！但很遗憾，这样的产品并不是根据用户的需求开发的。事实上，人们访问网页的时候，最关心的是信息的丰富程度和获取信息的效率，一个三维的视图既不能带给用户更多的信息内容，也会严重妨碍信息的高效传递，无法使用户在最短的时间内获得最有价值的信息。这样一个对用户没有用的创新，最终只能走向失败的结局。

所以，我认为具有实用价值是创新的目的。我深深相信“需求是创新之母”这句话。许多了不起的创新就是来自于实际需求，而解决需求的创新就一定有价值。比如，袁隆平 1960 年前后经历了粮食饥荒，于是他决定用农业科学技术战胜饥饿。在这种情况下，他培育出了高产杂交水稻，解决了世界五分之一人口的温饱问题。而上面提到的松下发明的面包机，也是在日本妇女开始外出工作，没有时间做传统早餐，而丈夫们却依然期望有新鲜早餐这样的需求之下发明出来的。

创新的第三个要素是有可行性。任何创新都要考虑在现有条件下的实施问题。如果利用了所有可以利用的资源、条件，仍然无法让某个创新成为现实，那么，再新颖、美妙的想法，也只能是空中楼阁。依然以面包机为例，如果我们用拍脑袋的方式为面包机制订需求，比如：我想要一台既能煮饭又能炒菜，还能扫地、刷碗、做功课、写论文的机器……这样的创意能够在短期内变为现实吗？像这种在现有条件下完全不存在可行性的创意，只会白白浪费创新者的时间和精力。另一个实例就是我的博士论文。当时，这是一个重要的科研成果，发明出世界上第一套非特定语者的连续语音识别系统。从新颖的角度讲，这个创新可以得 99 分。语音识别也相当有用，可以用在声控电器、听写打字、人机交流、自动翻译器等“科幻级”的产品上，实用性也能得 99 分。但是，我做论文的时候是在实验室里做的研究，没想到，这样的创新拿到真实环境中就碰上了种种可行性的问题，例如噪音处理的问题，如何分离各种同时说话的语音的问题，麦克风太远的问题，还有不可避免的识别错误的问题，等等。因为这些问题，这项创新的可行性只能达到 59 分，直至今日这个创新的普及还有待更多研究者能针对性地解决这些实际问题。

创新的价值，取决于一项创新在新颖、有用和有可行性这三个方面的综合表现。最好的创新，都是有着最新颖的创意，对人们的工作和生活最有用，并且能够在现实生活中实现的创新。相应地，好的创新者应该是一个既有新颖的想法，又理解现实的需求，并能够用实践将创意变成现实的人。第一种品质像一个科学家的特质，第二种像市场人员的，第三种则像工程师的。一旦结合了这三种品质于一身，做出最好的创新就不再是一个可望而不可即的目标了。

如何成为集这三种品质于一身的拥有创新能力的人才呢？对此我有以下几个建议：

1. 在学习中，要知其然，也要知其所以然

你们在学三角形面积定理时，一定都会背底乘以高除以二的公式。但是，你有没有理解这个公式是如何推理出来的，为什么三角形的面积是这样计算的。记住这个公式和探索这个公式是如何推导出来的，学习的效果是不一样的。只有懂得了知识背后的道理，才能在遇到新的问题时举一反三，才能在需要创新的时候，灵活地将自己掌握的知识付诸实践。有同学问我："怎样学习知识，才能真正记住呢？每年考完试后，好像就把所有的知识还给老师了。"我给这位同学的回答是："我学懂的知识以及知道如何实践的知识，我现在都还记得；在工作中常用的知识，我全部记得；我自己感兴趣的知识，记忆更加清晰、准确，就算有不记得的，也可以快速推算出来；相反，那些靠死记硬背学到的知识，或者自己不感兴趣的知识，我已经全忘掉了。"也就是说，死记硬背只能过考试关，而不能获取受益终生的知识。所以，同学们学习时，不要只靠背诵，而要深入理解如何使用知识的方法、原理，将知识放在实际环境中，用融会贯通的思路加以考察，并在实践中培养自己对该领域的兴趣。

2. 遇到问题时，试着从不同的角度来思考

事实上，很多问题都有不同的思路或观察角度，在学习知识或解决问题时，不要总是死守一种思维模式，不要让自己成为课本或者经验的奴隶。只有在学习中敢于创新，善于从全新的角度出发思考问题，潜在的思考能力、创造能力和学习能力才能被真正激发出来。有时候，只要换一个角度，你会得到截然不同的结果。举个例子，你们常用的即时贴，其实来自于一个“失败”的发明。美国 3M 公司有一位研究员，他想发明一种黏合力非常强的胶水，但因为种种原因，他失败了，实验得到的只是一种黏合力很差的液体，根本无法用作胶水。但一段时间后，他发现人们有这样一种需求：把便条或书签贴到桌上或墙上，在需要时可以随时揭下来。他发现面对这样的需求，他此前发明的黏合力差的液体不正可以派上用场吗？就这样，因为思考角度的不同，一种险遭废弃的技术促成了即时贴的发明。

当无线通信刚被发明出来的时候，几乎所有人都认定了这个技术演变的最终目标是，每个人都会有一台无线通信装置，能够成为“无线”的电话。但在当时的技术条件下，无线通信设备有两个部分：无线发射器体积庞大，价格昂贵，但是无线接收器体积小，而且便宜。所以，要实现这个终极目标需要有长远的打算。这时，一位打破陈规的创新者想到，是不是可以把发射器和接收器分开，让每个人都有一部非常便宜的接收器，来接收某个中心发射器的信号。就这样，广播这种最早依赖无线电技术的大众传播方式诞生了。

在这个故事里，所谓的打破常规，其实就是尝试把两个放在一起的东西分开，换一个思路，也许就收获了意想不到的结果。

3. 要多问问题

会提问也是一种能力，而且你也会因为提问而加深对问题的理解。我的女儿在学习指数的时候，不理解指数是什么，更不相信在真实生活中指数有什么用处，就主动来问我。我用计算银行存款的思路来指导她，比如存入 100 元，每年的利息是 10%，那么 10 年后，你的存款是多少？通过这样的计算，她终于明白了，原来指数知识和日常生活息息相关。而她能得到对这个问题的认识，也是因为她主动提问获得的。学习过程中如果只看课本或者只听老师讲述总是比较枯燥，一些同学甚至觉得学习这些知识很没有意思，或者感觉对一些偏理论、较抽象的东西缺乏感性的认识。但是，一旦用理论解决了实际问题，你不但会对实践有兴趣，也会随之对指导实践的理论产生浓厚的兴趣。比如，有的同学学习化学，如果每天只是机械地背诵一些反应式，肯定会觉得枯燥无味，但如果掌握了每个反应式内在的规律，并能和现实中的化学现象联系起来，就会理解化学这门学科的意义所在，自然就会对这门学科产生兴趣。

多提一个问题，你就拥有一种多了解这个世界的可能性。只有不懂就问，才能真正学到有用的知识。

4. 动手实践

美国华盛顿儿童博物馆的墙上写了这样一句格言：“我听到的会忘掉，我看到的能记住，我做过的才真正明白。”没有一种创新是可以靠凭空想象得到的，只有动手实践，你才能了解创意的可行性，才能把创意变成现实。我记得小时候，我的父亲曾让我们几个兄弟姐妹解答这样一个问题：用 6 根火柴拼成 4 个大小一模一样的正三角形。通过动手实践，我们都找到了正确的答案。这样的实践让我对相关的几何和空间知识记忆深刻，也训练了我使用新颖的思维解决问题的能力。我在高中时参与美国的高中生创业尝试课程，创办自己的公司。我们当时的公司非常简单，就是从当地的建材市场买来钢材，然后利用周末时间到工厂里加工这些钢材，我们把钢材切成很小的一块块圆环，然后在圆环上刻上简单的雕花。在负责推广的过程中，我们发现学生的家长并不需要这样的圆环，最后产品几乎是内部消化掉了。这次的亲身实践，让当时 15 岁的我意识到，真正好的产品，不是求人去买的，而是必须有市场需求。有了这样的认识，我在第二次的创业尝试中就会把市场需求作为我创办的公司的方向。从需求出发，生产有需求的产品，牢记这样的理念，第二次的创业尝试获得了成功。这些对于创办公司的经验，都是我从实践中一点一滴积累起来的。只有实践，你才能知道你的创新是否可行。

5. 追随自己的兴趣、爱好

只有做自己真正喜欢做的事情，才能做到最好。我在上大学时，一直以为自己喜欢法律，将来想做一名律师。可是上了几门课后，我发现自己对此毫无兴趣，于是跟家人商量转系，数学是我的一个备选项。但是，当我加入了“数学天才班”后，发现我的数学突然从“最好的”变成“最差的”。我虽是田纳西州的冠军，但当我与来自加州或纽约的“数学天才”交手时，才发现自己真的技不如人。我深深地体会到那些数学天才是因为“数学之美”而对它痴迷的，而我并非如此。我一方面羡慕他们找到了最爱，一方面遗憾自己并不是真的数学天才，也不会为了它的美而痴迷，因为我不希望我的人生意义就是为了理解数学之美。我想到了计算机，我在高中时就对计算机有浓厚的兴趣，有一次，为了解答一个复杂的数学方程式，我写了一个程序，然后把结果打印出来。当时因为机器运行的速度太慢，我没有等到结果打印出来就回去了。周一回到学校，我才知道我们学校所有的打印纸都被我打光了。虽然挨了老师一通骂，但我的心里有了一股欣喜，原来这个数学方程式有无数的解，我走后，程序一直在运行，计算机就一直在打印结果。对计算机的兴趣此时在我的心中酝酿，虽然当时计算机专业算是个默默无闻的专业。接下来，我选修了一门计算机编程课，几个月的课上下来，我发现了自己在计算机方面的天赋。我和同学们一起做编程，他们还在画流程图，我就已经完成了所有的题目。考试的时候，我比别人交卷的时间几乎早了一半，我不用特别准备，也能拿高分。通过学习计算机，我有了一种前所未有的震撼：未来这种技术能够思考吗？它能够让人类更有效率吗？计算机有一天会取代人脑吗？我感受到了一种振奋，解决这样的问题是我一生的意义所在。我每天都像海绵一样吸收着知识，在一门公认为是计算机专业最难通过的“可计算性和形式语言”课上，我考了 100 分，也就是 A+ 的分数，创造了该系的一个纪录。大三大四时我就开始和研究生一起选修硕士和博士课程，接手各式各样的项目，在这些项目中，我尝试着攻克一个又一个的难关。毕业后，我在计算机方面创造出了一个又一个辉煌的成果。

拥有创新能力，一方面可以使你们在激烈的竞争中获得立足之地，另一方面也能使你们更好地享受做创造性的工作带来的幸福和快乐。AI 时代创新已经成为了我们的生活密不可分的一部分，我们无法忽视创新对我们的工作、生活的影响。只有拥抱创新，才能融入这个新的时代；只有成为拥有创新能力的人才，我们才能更好地迎接挑战，在 AI 时代找到自己的位置。

主 题 谈领导力

领导力是一种有关前瞻与规划、沟通与协调、真诚与均衡的艺术。领导力意味着我们能从宏观和大局出发分析问题，在从事具体工作时保持自己的既定目标和使命不变；领导力也意味着我们可以更容易地跳出一人、一事的层面，用一种整体化的、均衡的思路应对更加复杂、多变的世界；领导力还意味着我们可以在关心自我需求的同时，也对自己与他人的关系给予更多的重视，并总是试图在不断的沟通中寻求一种更加平等、更加坦诚也更加有效率的解决方案。

发件人：李开复 ▼

KAI-FU LEE

第　七　封　信

谈领导力

在这一封信里，我想跟你们谈谈领导力。领导力不仅是领导应该具备的方法和技能，它也是我们每个人都应该具备或实践的一种优雅而精妙的艺术。我想跟你们分享自己在世界顶尖公司工作的管理经验，希望能给你们在人际关系处理方面一些启发。

在21世纪，当社会变革、国际交流、信息技术、个性发展等诸多挑战与机遇降临到社会分工的每一位参与者面前时，我认为无论你是否身处领导者的职位，都应该或多或少地具备某些领导力。很多同学错误地把领导力当成权力的象征，认为自己要管理别人，要当老大。但其实最重要的是得到别人的尊重、信任、喜欢。基于我的工作经验和对领导力的理解，我认为它是一种有关前瞻与规划、沟通与协调、真诚与均衡的艺术。领导力意味着我们能从宏观和大局出发分析问题，在从事具体工作时保持自己的既定目标和使命不变；领导力也意味着我们可以更容易地跳出一人、一事的层面，用一种整体化的、均衡的思路应对更加复杂、多变的世界；领导力还意味着我们可以在关心自我需求的同时，也对自己与他人的关系给予更多的重视，并总是试图在不断的沟通中寻求一种更加平等、更加坦诚也更加有效率的解决方案。接下来，我跟大家分享几个有关领导力的故事。

真　诚

我在卡内基·梅隆大学时，认识了拉吉·瑞迪教授。他的研究方向——语音识别引发了我极大的兴趣。我选择了语音识别作为我的研究方向，成为瑞迪教授的学生。我和他一起探讨语音识别领域里现有的成果以及如何突破的可能性，他建议我做一个不特定语者的语音识别系统，因为这在当时是个无解之谜。

所谓不特定语者的语音识别就是让电脑能够听懂每一个人说出的话，并且识别出来，最后希望达到的最理想状态就是让机器对人的语言有所反应，最终达到“人机对话”的理想程度。在我当时所处的年代，人们所做的语音识别系统研究还只能识别一个人的声音，也就是“特定语者”的研究。瑞迪教授对我的期望就是让我把这个研究成果扩展出来，形成突破，提高机器对更多的人的语言识别率。瑞迪教授还告诉我专家系统是解决不特定语者问题最好的办法，他希望我去试试。经过数月的钻研，我把整个研究过程写了篇论文发表出来，得到了正面回馈。

第一次，人们知道，在有限的领域和单一的语者身上，专家系统研究出来的机器语音识别率可以达到95%。这意味着，人和机器可以进行简单的对话了。那段时间，瑞迪教授开心得不得了，并且更加坚信“专家系统”的方法是个正确的选择。

尽管面对一片好评，我却非常沉默。其实，这个时候我内心的担忧早已慢慢滋长了。因为，在研究的过程中，我已经发现专家系统的前景非常不明朗，因为机器经过很长时间的训练，只能听懂特定的 20 个训练者的语音。而人与人说话的音节和语调千变万化，只要换了另外 100 人的声音重新检验原来的研究成果，其识别率会立即下降到不能想象的地步，只有 30% 左右。而且，我们仅仅用了 26 个词作为词汇，一旦增加词汇，整个系统就将崩溃。当我处在课题的十字路口不知何去何从时，我的师兄彼得·布朗建议我尝试统计学的方法，从庞大的数据中进行归类，通过特征的归纳使得数据通过“分类器”得到结果。我对这个方法充满了好奇。

与此同时，瑞迪教授从美国国防部得到了 300 万美元的经费做不特定语者、大词库、连续性的语音识别的研究。他希望机器能听懂任何人的声音，而且可以懂上千个词汇，懂人们自然连续说出的每一句话。瑞迪教授在全美招聘了 30 多位教授、研究员、语言学家、学生、程序员，以启动这个有史以来最大的语音项目。他也期望我在专家系统方面继续努力，得到突破，在这 30 多人的队伍里面发挥作用。

然而，我的心里却在想着如何脱离这个 30 多人的队伍，脱离专家系统的研究。在此之前，我和我的朋友萨卓依·玛哈俊用统计学的方法做了一个名叫“奥赛罗”的机器人，这个机器人在人机博弈中打败了当时的世界冠军，这是机器第一次真正意义上打败人类冠军，这让我对计算机世界中的统计学有了信心。我相信建立大型的数据库，然后对大的语音数据库进行分类，就有可能解决专家系统不能解决的问题。但我一直处在犹豫状态，如何跟导师提起我的计划？在我做机器人的过程中，他一直在经费上给我提供帮助，并且他已经向国防部立项，专家系统的方向势在必行，我是他的得意门生，这个时候跟他提出反对意见，他会怎么处理？

经过一番思想挣扎，我告诉自己，我必须向他坦陈我的看法，因为我想起读博士时海博曼院长对我说的："读博士，就是挑选一个狭窄并且重要的领域做研究，毕业的时候交出一篇世界一流的毕业论文，成为这个领域里世界首屈一指的专家。任何人提到这个领域的时候，都会想起你的名字。"如果我做专家系统，我就愧对了海博曼院长的期许，也违背了我自己内心做研究的初衷。于是，我鼓起勇气向瑞迪教授直接表达了我的看法，我对他说："我希望转投统计学，用统计学的思路来解决这个'不特定语者、大词汇、连续性语音识别'的问题。"

瑞迪教授一点都没有生气，他询问了我的思路后，用温和的声音说："开复，你对专家系统和统计的观点，我是不同意的，但是我可以支持你用统计的方法去做，因为我相信科学没有绝对的对错，我们都是平等的。而且，我更相信一个有激情的人是可能找到更好的解决方案的。"

我被深深地感动了，作为一个教授，他的学生要用自己的方法做出一个跟他唱反调的研究。他不仅没有生气，还给我在经费上提供支持。统计学需要大数据库，还需要非常快的机器，而我当时并没有这样的条件，瑞迪教授不仅去国防部帮我建立一个大的数据库，他还帮我购买了最新的Sun4 机器。做论文的两年多，我至少花了他几十万美元的经费。

瑞迪教授的宽容和支持让我感受到一种伟大的力量，这是一种自由和信任的力量。伏尔泰曾说："我可以不同意你的观点，但是我誓死捍卫你说话的权利！"瑞迪教授这样说："我不同意你，但我支持你。"这是一种真正的科学家精神。他这种"科学面前，人人平等"的信念，深深地影响了我。这种无言的伟大，让我受益终生，也让我以这种信念对待他人的不同意见。

24 年后，当我的员工郭去疾离职的时候，他是这么描述我的："8 年来，作为我的师长，开复很多次支持了我的理想，改变了我的命运，也宽容了我的缺点。当你离一个人很近，从他身上学到太多，你可能反而不知道该怎样总结你的收获。但我知道，现在当我遇到一个难以处理的困难，我常常会去想，如果是开复，他会怎么做。假如只能选一条收获来分享，那么开复让我铭记终身的教益是：‘你可以同时真诚地反对和全力地支持（You can sincerely disagree and fully heartedly support at the same time.）。’以前读到开复的文章里提及他的博士生导师怀疑却又支持他的研究方向的时候，我以为那只是一种雅量。而当开复身体力行地一次次怀疑却又支持我的时候，我才慢慢明白这是一种珍贵的领导力。”

同理心

许多著名心理学家在论述人际交往的基本规律时，都会特别强调，同理心是人际交往艺术的核心准则，是参与人际交往的个人能够获得他人信任的最佳途径。同理心是一个心理学概念，最早由人本主义大师卡尔·罗杰斯提出，学者们通常是这样来定义和描述的：同理心是在人际交往过程中，能够体会他人的情绪和想法、理解他人的立场和感受并站在他人的角度思考和处理问题的能力。

其实，同理心就是人们在日常生活中经常提到的设身处地、将心比心的做法。无论在人际交往中面临什么样的问题，只要设身处地、将心比心地、尽量了解并重视他人的想法，就能更容易找到解决方案。尤其是在发生冲突或误解时，当事人如果能把自己放在对方的处境中想一想，也许就可以了解到对方的立场和初衷，进而求同存异、消除误解了。

其实，同理心本身并不是什么新的想法。两千多年前的孔子早就说过：“己所不欲，勿施于人。”也就是说，具有同理心的人能够做到推己及人：一方面，自己不喜欢的东西或不愿意接受的待遇，千万不要施加给别人；另一方面，应根据自己的喜好推及他人喜欢的东西或愿意接受的待遇，并尽量与他人分享这些事物和待遇。

生活中常说的“人同此心，心同此理”强调的也是同理心。无论是在工作还是在日常生活中，凡是有同理心的人，都善于体察他人的意愿，乐于理解和帮助他人，这样的人最容易受到大家的欢迎，也最值得大家信任。同理心是人际交往的基础，是个人发展与成功的基石。

同理心对于个人发展的重要性主要体现在：一旦具备了同理心，就更容易获得他人的信任，而所有的人际关系都是建立在信任的基础上的。

我在 2000 年被调回微软总部出任全球副总裁，管理一个拥有 600 多名员工的部门。当时，作为一个从未在总部从事领导工作的人，我更需要倾听和理解员工的心声。为了达到这样的目标，我选择了独特的沟通方法——“午餐会”沟通法。

我每周选出十名员工，与他们共进午餐。在进餐时，我详细了解每一名员工的姓名、履历、工作情况以及他们对部门工作的建议。为了让每位员工都能畅所欲言，我尽量避免与一个小组或一间办公室里的两个员工同时进餐。另外，我会要求每个人说出他在工作中遇到的一件最让他兴奋的事情和一件最让他苦恼的事情。

进餐时，我一般会先跟对方谈一谈自己最兴奋和最苦恼的事，鼓励对方发言。然后，我还会引导大家探讨一下所有部门员工近来普遍感到苦恼或普遍比较关心的事情是什么，一起寻找最好的解决方案。

午餐会后，我一般会立即发一封电子邮件给大家，总结一下“我听到了什么”“哪些是我现在就可以解决的问题”“何时可以看到成效”，等等。

使用这样的方法，在不长的时间里，我就认识并了解了部门中的每一位员工。最重要的是，我可以在充分听取员工意见的基础上，尽量从员工的角度出发，合理地安排工作。只有这样才能使公司上下一心，才能更加顺利地开展工作。

午餐会的沟通方法，至今我仍在使用。吃饭对象不仅包括员工、同事，还有合作伙伴、朋友。

对于领导者来说，体现同理心的最重要一点就是要体谅和重视职员的想法，要让职员们觉得你是一个非常在乎他们的领导。没有同理心就没有彼此之间的信任，没有信任就没有顺利的人际交往，也就不可能在分工协作的现代社会中取得成功。

人与人之间的信任关系其实都是同理心的外在表现，也就是说，信任来源于同理心。要建立信任关系，就要在人际交往中逐步体现出自己的同理心，并以此证明自己是值得信任和值得尊重的。这是一个长期的、不断深化的过程——你对别人越真诚，越善于倾听、体谅、尊敬或宽恕别人，别人对你也会越发真诚和信任，如此持续下去形成一个良性循环后，人与人之间的交往就可以非常顺利了。

所以，同理心不仅是为了理解别人，也是为了让别人理解自己。同理心并不要你迎合别人的感情，而是希望你能够理解和尊重别人的感情，希望你在处理问题或做出决定时，充分考虑到别人的感情以及这种感情可能引发的影响和后果。

团队精神

对于一个集体、一个公司、甚至是一个国家来说，团队精神都是取得胜利和实现目标过程中的关键性因素。

团队精神就是在一组人共事时，在个人心目中完成共同目标的重要性大于凸显个人表现。我们在世界杯足球赛中、一流交响乐团的表演中、企业的研发小组中都能见到团队精神的发扬。团队精神具有的重要元素包括：对其他成员专业水平的承认，对团队一体的共识，清楚自己的位置，对自己有充分的自信，对目标的全然投入。

我在微软工作时就意识到在其中团队精神特别重要。比如研发 Windows 2000 时，微软公司中有超过 3000 名软件工程师和测试人员共同参与，共写出了 5000 万行代码。倘若没有高度统一的团队精神，没有全部参与者的默契与分工合作，这项工程是根本不可能完成的。

相反的情况也屡见不鲜。到了微软开发 Windows Vista 的时候，一项困难工程布置下来，几位负责人明明知道无法完成，却不敢告诉大老板。由于大家都知道工程肯定完不成，因此大家花费更多的时间去算计怎么把这项工程的失败推诿到别人身上，甚至有些负责人开始另起炉灶，准备在原来困难的工程失败后，来证明自己的先见之明。正是这样的人和这样的工作作风，导致一个两年的项目在做了四年后宣布从头开始，并换掉了当时一批没有团队精神的负责人，对所有参与者重申团队精神的重要性。又过了两年后，在新的领导的带领下，产品才终于问世。

为了培养团队精神，我建议同学们在读书之余去积极参加各种社会团体的活动，在与他人分工合作、分享成果、互助互惠的过程中，你们可以体会到团队精神的重要性。

在学习过程中，你千万不要吝啬把好的思路、想法和结果与别人分享，担心别人比自己强的想法是非常不健康的，也无助于个人的成长。有一句谚语说：“你付出的越多，你得到的就越多。”试想，如果你的行为让人觉得你专门利己从不利人，当你需要帮忙时，别人会来帮助你吗？反之，如果你时常慷慨地帮助别人，那你是不是会得到更多人的回报？

在团队之中，要勇于承认他人的贡献；如果借助了别人的智慧和成果，就应该公开声明；如果得到了他人的帮助，就应该表示感谢。这也是团队精神的基本体现。

我在苹果公司工作的时候，曾经管理着一个实际效果非常糟糕的项目。该项目的项目经理是我当时的老板的朋友，而这个项目也是我老板最为看好的一个项目。当时，我清楚地知道这个项目有多么糟糕，该项目的项目经理也不是一名好经理，但因为我的老板重视该项目，我始终没有勇气来处理这个问题。此外，我也担心，如果解散了这个项目团队，对我自己的工作其实也是一种否定，因为我已经管理这个团队一年多了。

终于有一天，我决定在一段时间后离开公司。那时，我觉得公司多年来对我不错，我应该在离开前对公司负责，做一件对公司有益但我一直为了自己而犹豫不决的事情。于是，我决定把这个项目和该项目的项目经理裁掉——大不了这种做法会让我的老板不满，但它的确对公司是有好处的。

当我真正裁掉这个项目后，出乎我意料的是，公司内部的绝大多数员工没有表示不满，反而告诉我，他们是多么认可这个决定，他们认为我有勇气，有魄力。公司领导也没有责备我，反而认为我勇于承认并改正错误的做法非常值得赞赏，连我的老板也觉得这是一个正确的决定。

当公司利益和部门利益或个人利益发生矛盾的时候，管理者要有勇气做出有利于公司利益的决定，而不能患得患失。如果你的决定是正确、负责任的，你就一定会得到公司员工和领导者的赞许。

愿　景

我在苹果公司工作的时候，有一段时间，公司经历了低谷，在一次次的裁员风暴中，大家的士气很低落。公司有很好的多媒体技术，但是当时的 PC 无法很好地利用这些多媒体技术。我看到这些趋势很有可能经由互联网成为主流。如果再加上用户界面的突破，这些技术也可能成为公司未来的主流，想到这些，我心中涌起些许激动，我提起笔来写了一份题为《如何通过互动式多媒体再现苹果昔日辉煌》的报告。

这份报告被送到多位副总裁手里，最后，他们决定采纳我的意见，发展简便、易用的多媒体软件，并且请我出任互动多媒体部门的总监。而这个部门需要从不同部门调集多媒体及相关技术的精英，组成一个新的团队，研发一系列极有潜力的多媒体产品。

当时，公司的资深副总裁批准了我的请求，并要求我的主管副总裁帮助我抽调人员，组建这个团队。但主管副总裁担心新产品的风险较大，他一方面要求相关人员必须亲自表达意愿才可以加入我的新团队，另一方面又告诫大家我要研发的新产品有不小的风险，希望大家慎重选择。照他的意思，我们只要做一个问卷调查，看看 60 多位技术人员中有多少甘冒风险的就可以了。而当时在公司年年裁员的压力下，如果采用他的方法，这个新团队的计划就可能无法实现了。

在这样的情形下，我决定利用愿景来激励这些工程师与科学家。我找来这 60 多位技术人员开会。在会上，我描述了未来互联网与多媒体相结合后相关新技术和新应用的巨大发展空间，与他们分享了我关于新产品的规划和设计，以及我为新的产品部门制订的愿景。然后，我鼓励他们分成小组，讨论这个愿景的可行性，以及自己的潜力将会如何因这样的愿景而得到更充分的发挥。最后，我诚恳地对大家说："我并不是让大家今天就做出选择，而是做一次心灵的沟通。我把我的设想和前景跟大家分享，最后大家的选择，还是遵循内心的感受。毕竟，有的人适合做研发，有的人适合做产品。但是，在苹果最危急的时刻，我认为做产品是最迫切的。让我们的产品去战胜我们的对手，苹果才可能真正得救。"

我给大家朗诵了我精心准备的一首诗——美国诗人罗伯特·弗罗斯特（Robert Frost）的《未选之路》（The Road not Taken）。

The Road Not Taken

Robert Frost

Two roads diverged in a yellow wood,
And sorry I could not travel both
And be one traveler, long I stood
And looked down one as far as I could
To where it bent in the undergrowth ;
Then took the other, as just as fair,
And having perhaps the better claim,
Because it was grassy and wanted wear ;
Though as for that, the passing there
Had worn them really about the same,
And both that morning equally lay
In leaves no step had trodden black.

Oh, I kept the first for another day!
Yet knowing how way leads on to way,
I doubted if I should ever come back.
I shall be telling this with a sigh
Somewhere ages and ages hence:
Two roads diverged in a wood, and I —
I took the one less traveled by,
And that has made all the difference.

未选之路

罗伯特·弗罗斯特

黄色的树林里分出两条路,
可惜我不能同时去涉足,
我在那路口久久伫立,
我向着一条路极目望去,
直到它消失在丛林深处。
但我却选了另外一条路,
它荒草萋萋,十分幽寂,
显得更诱人、更美丽,
虽然在这两条小路上,
都很少留下旅人的足迹,
虽然那天清晨落叶满地,

两条路都未经脚印污染。
呵，留下一条路等改日再见！
但我知道路径延绵无尽头，
恐怕我难以再回返。
也许多少年后在某个地方，
我将轻声叹息把往事回顾，
一片树林里分出两条路，
而我选了人迹更少的一条，
从此决定了我一生的道路。

全诗的最后几句，深深打动了大家。

“一片树林里分出两条路，而我选了人迹更少的一条，从此决定了我一生的道路。”

我看着台下的员工，动情地说：“这条路没有人走过，但是我们恰恰应该为了这个理由踏上这条路，创立一个网络多媒体的美好未来。”

正是这次会议，让 90% 以上的员工作出了“冒险”的决定，离开相对稳定的研究部门，随我加入全新的互动多媒体部门。这个部门，正是后来 QuickTime、iTunes 等许多著名网络多媒体产品的诞生地。

一年后，乔布斯回归，他们成为了乔布斯的爱将、公司的宠儿。这也说明了，制订并与员工分享美好愿景，能充分激发员工的参与感和积极性，可以让整个团队保持激昂的斗志和坚定的方向，这是领导艺术的重要组成部分。我必须承认，这是我最美好的体验之一。

主　题	谈成功

成功就是按照自己设定的目标，充实地学习、工作和生活，就是始终沿着自己选择的道路，做一个快乐的、永远追逐兴趣并能发掘出自身潜能的人，也就是做最好的自己。

发件人：李开复 ▼

KAI-FU LEE

第 八 封 信

谈成功

这些年来，我在与很多青少年的交流和沟通中，真切地感受到你们想获得成功，实现自我价值的热切希望，但是我也感受到你们对成功的理解的最大的问题是容易陷入一元化的误区。在这封信里，我想跟你们谈谈我对成功的理解，为你们获得成功提供帮助和指导，我愿意和你们一起探索成功的奥秘、寻找通向成功的道路。

中国社会有一个比较普遍的现象，就是希望每个人都按照一个模式发展，衡量每个人是否成功采用的也是一元化的标准：在学校看成绩，进入社会看名利。我并不排斥将成绩和名利视作成功的标准之一，但同样有价值的成功标准还有很多种，不能因为强调成绩、名利而忽视了其他因素，更不能因为推崇某一种成功模式而堵死了其他通往成功的道路。一元化的成功容易让人失去正确的奋斗方向，一个崇尚一元化成功的社会也是不完整的、不均衡的，社会中的绝大多数成员也很难体会到真正的快乐和幸福。

林肯是美国第 16 任总统。他的成功是在叱咤风云的政治和军事舞台上取得的，但更让所有的美国人难以忘怀的是，他在通向成功道路上表现出来的对国家、对民族的深厚感情。

爱因斯坦是著名的物理学家、相对论的创始人。他对大自然中的一切都怀有强烈的好奇心，无论何时何地，他都宁愿如醉如痴地漫步在科学的圣殿里，也不愿花时间理一理自己蓬松的头发，或者为自己选一套合身的衣服……

比尔·盖茨是微软公司的创始人，是全球软件产业的领军人物。应当说，比尔·盖茨在获取名利和实现人生价值这两方面都取得了成功。在他看来，衡量成功的方式可以说有很多种，其中最容易衡量成功的方法就是，看能不能给自己的家人、朋友和自己所尊重的人带来帮助以及通过什么能改善他们的生活。

特蕾莎修女是诺贝尔和平奖获得者。她一生致力于帮助那些每时每刻都在与贫穷和饥饿作斗争的人们。也许她无法从自己所从事的事业中获得更多的财富，但她的无私奉献却为自己和他人带来了最大的快乐。

凡·高的一生，是在艰难的生活、世人的冷漠以及与严重的精神疾病作斗争的过程中度过的。他始终也没有放弃对艺术的追求，即便后人一度没有给予凡·高公正的评价，这种追求本身也已经是最大的成功了。

卡夫卡生前只是一个普通的小职员。他虽然不断地把自己对人生和世界的思考诉诸笔端，但却很少想到要发表这些文字，甚至在临终时还叮嘱好友销毁自己所有未发表的作品。幸运的是，好友在他去世后违背了他的嘱托，将《城堡》《审判》等震撼世人心灵的伟大作品整理出版。从这些不朽的文字中，我们看到的是一个成功攀上文学顶峰的卡夫卡。

我的母亲是一个既严厉又温和、既传统又开明且有智慧的女性，她被她所有的朋友公认为是成功者。她一生最大的成功就是养育了7个子女。早年，在父亲只身赴台后，母亲带着5个孩子独自生活。一年后，她毅然决定赴台与父亲团聚。她让兄姐沿街变卖家产、筹措路费，以回娘家为名，一路辗转，历尽艰难。凭着母亲超人的智慧、勇敢、果决和镇定，一家人终于得以团聚。她对我们的教育既传统又严格，但是，她也看到世界的进步，鼓励子女学习新知识、接受新事物，支持子女做最好的自己。

我家的园丁原本是来自墨西哥的移民，在异国他乡，他凭借着超常的毅力和吃苦耐劳的精神获得了所有雇主的好评。他非常喜欢自己所从事的职业，经常用近乎痴迷的态度研究园艺技术。每当掌握了一种新的栽培或修剪方法后，他都会无比兴奋，那神情就好像他是这个世界上最幸福的人一样。

上面列出的几位人物，虽然他们拥有的名望、地位或财富差别极大，但我认为他们都在各自的领域里取得了成功。

真正的成功有很多种：它可能是创造出了新的产品或技术，可能是取得了突破性的科研或学术成果，可能是因自己的行为而给他人带来了幸福，可能是在工作岗位上得到了别人的信任，也可能是找到了最能使自己满足和快乐的生活方式。同样，靠自己的努力取得令人羡慕的名望和财富也是一种应当被尊重和认可的成功。多元化的成功不仅可以让每个人发挥自己的兴趣和特长，从而发掘出自己全部的潜力，同时也能让社会保持健康、和谐的状态，让社会成员体验到最大的幸福。

既然多元化的成功才是真正的成功，那么，我们该如何追寻多元化的成功呢？

多元化成功并不要求每个人都去刻意重复别人的成功之路，或者用别人的标准来评价和衡量自己，但它要求我们重视诚信的价值观，拥有完整、均衡的人生态度，善于用智慧选择最佳的解决方案，并能不断地追寻自己的理想和兴趣、不断地学习和实践，妥善地处理好身边的人际和沟通问题……如果从这些方面严格要求自己，让自己的每一天都能有新的收获和新的提高，那么，无论是否取得了预期的结果，这种努力本身就是最可嘉许的成功了。美国作家威廉·福克纳说过："不要竭尽全力去和你的同僚竞争。你应该在乎的是，你要比现在的你强。"

想取得成功，就要首先做最好的自己。换言之，成功就是按照自己设定的目标，充实地学习、工作和生活，就是始终沿着自己选择的道路，做一个快乐的、永远追逐兴趣并能发掘出自身潜能的人。做最好的自己是通向多元化成功的必然途径。只有一元化的成功才会强迫人们复制他人的成功模式，如果强迫自己去做那些不适合自己的、模仿别人的事情，就无法从内心深处投入足够的兴趣和激情。

深入思考下去就不难发现，财富、名利等外在指标往往是社会整体意识强加给个人的镜子、标尺和参照物。大多数追求外在名利的人其实都是在竭尽全力模仿他人的成功，忽视了自己的特点、潜质和兴趣，一次又一次地重复着"东施效颦"的闹剧。更重要的是，如果你迫于家长或社会的压力，将考试成绩、财富、名利当作自己终生奋斗的方向，那么，你所从事的多半不是自己真正喜欢的事情，把这件事做好并因此而获得成绩、财富、名利的可能性也几乎为零。

相反，那些追逐自己的兴趣、爱好，善于发现并发掘自身潜力的人更容易得到财富和名利的眷顾，因为他们所从事的是自己真正喜欢的事情，所以他们更加有动力、有激情将事情做到完美的状态——即便他们不能从这件事中获取财富和名利，也会得到终身的快乐和幸福。那么如何做最好的自己呢？

我觉得有以下三个方面可以去努力尝试。

1. 把握人生目标，做一个主动的人

当朋友问我的人生目标是什么时，我是这么回答的："人生只有一次，我认为最重要的就是要有最大的影响力，能够帮助自己、帮助家庭、帮助国家、帮助世界、帮助后人，能够让他们的日子过得更好、更有意义，能够为他们带来幸福和快乐。"我从大学二年级起就把"最大化影响力"当作自己的人生目标。对我来说，人生目标不是一个口号，而是我最好的智囊，它曾多次帮我解决工作和生活中的难题。我当初放弃在美国的工作，只身来到北京创立微软中国研究院，就是因为我觉得后一项工作有更大的影响力，和我的人生目标更加吻合。所以，一旦确定了人生目标，你就可以像我一样在人生目标的指引下，果断地做出人生中的重大决定。每个人的人生目标都是独特的，最重要的是，你要主动把握自己的人生目标。但你千万不能操之过急，更不要为了追求所谓的"崇高"，或为了模仿他人而随便确定自己的目标。

那么，该怎么去发现自己的目标呢？许多同学问我他们的目标该是什么？我无法回答，因为只有一个人能告诉你人生的目标是什么，那个人就是你自己。只有一个地方你能找到你的目标，那就是你的心里。

我建议你闭上眼睛，把第一个浮现在你脑海里的理想记录下来，因为往往不经过思考的答案是最真诚的。或者，你也可以回顾过去，你最快乐、最有成就感的时光是否存在某些共同点？它们很可能就是最能激励你的人生目标了。再者，你也可以想象一下，十五年后，当你达到完美的

人生状态时，你将会处在何种环境下？ 从事什么工作？ 其中最快乐的事情是什么？ 当然，你也不妨多和亲友谈谈，听听他们的意见。

2. 尝试新的领域、发掘你的兴趣

为了成为最好的自己，最重要的是你要发挥自己所有的潜力，追逐最感兴趣和最有激情的事情。当你对某个领域感兴趣时，你会在走路、上课或洗澡时都对它念念不忘，你在该领域内就更容易取得成功。更进一步，如果你对该领域有激情，你就可能为它废寝忘食，连睡觉时想起一个主意，都会跳起来。

相对来说，做自己没兴趣的事情只会事倍功半，有可能一事无成。即便你靠着资质或才华可以把它做好，你也绝对没有释放出所有的潜力。因此，我不赞同每个学生都追逐最热门的专业，我认为，每个人都应了解自己的兴趣、激情和能力，并在自己热爱的领域里充分发挥自己的潜力。

比尔·盖茨曾说："每天清晨当你醒来的时候，你都会为技术进步给人类生活带来的发展和改进而激动不已。"从这句话中，我们可以看出他对软件技术的兴趣和激情。因为对软件的热爱，比尔·盖茨放弃了数学专业。如果他留在哈佛继续读数学，并成为数学教授，你能想象他的潜力将被压抑到什么程度吗？ 比尔·盖茨在领导微软 25 年后，却又毅然把首席执行官的工作交给了鲍尔默，因为只有这样他才能投身于他最喜爱的工作——担任首席软件架构师，专注于软件技术的创新。虽然比尔·盖茨曾是一个出色的首席执行官，但当他改任首席软件架构师后，他对公司的技术方向做出了重大贡献，更重要的是，他更有激情、更快乐了，这也鼓舞了所有员工的士气。

比尔·盖茨的好朋友，美国最优秀的投资家，沃伦·巴菲特也同样认可激情的重要性。当学生请他指示方向时，他总这么回答："我和你没有什么差别。如果你一定要找一个差别，那可能就是我每天有机会做我最爱的工作。如果你要我给你忠告，这是我能给你的最好的忠告了。"

比尔·盖茨和沃伦·巴菲特给我们的另一个启示是，他们热爱的并不是庸俗的、一元化的名利，他们的名利是他们的理想和激情带来的。美国一所著名的经管学院曾做过一个调查，结果发现，虽然大多数学生在入学时都想追逐名利，但在拥有最多名利的校友中，有 90% 是入学时追逐理想、而非追逐名利的人。

我刚进入大学时，想从事法律或政治工作。一年多后我才发现自己对它没有兴趣，学习成绩也只在中游。但我爱上了计算机，每天疯狂地编程，很快就引起了老师、同学的重视。终于，大二的一天，我做了一个重大的决定：放弃此前一年多在全美前三名的哥伦比亚大学法律系已经修得的学分，转入哥伦比亚大学默默无名的计算机系。我告诉自己，人生只有一次，不应浪费在没有快乐、没有成就感的领域。当时也有朋友对我说，改变专业会付出很多代价，但我对他们说，做一个没有激情的工作将付出更大的代价。那一天，我心花怒放、精神振奋，我对自己承诺，大学后三年每一门功课都要拿 A。若不是那天的决定，今天我就不会拥有在计算机领域所取得的成就，而我很可能只是在美国某个小镇上做一个既不成功又不快乐的律师。

即便如此，我对职业的激情还远不能和我父亲相比。我从小一直以为父亲是个不苟言笑的人，直到去年见到父亲最喜爱的两个学生，我才知道父亲是多么热爱他的工作。他的学生告诉我："李老师见到我们总是眉开眼笑，他为了让我们更喜欢我们的学科，常在我们最喜欢的餐馆讨论。他在我们身上花的时间和金钱，远远超过了他微薄的收入。”我父亲是在70岁高龄，经过从军、从政、写作等职业后才找到了他的最爱——教学。他过世后，学生在他的抽屉里找到他勉励自己的两句话：“老牛明知夕阳短，不用扬鞭自奋蹄。”最令人欣慰的是，他在人生的最后一段路上，找到了自己的最爱。

那么，如何寻找兴趣和激情呢？ 首先，你要把兴趣和才华分开。做自己有才华的事容易出成果，但不要因为自己做得好就认为那是你的兴趣所在。为了找到真正的兴趣和激情，你可以问自己：对于某件事，你是否十分渴望重复它，是否能愉快地、成功地完成它？ 你过去是不是一直向往它？ 你是否总能很快地学习它？ 它是否总能让你满足？ 你是否由衷地从心里喜爱它？ 你的人生中最快乐的事情是不是和它有关？ 当你这样问自己时，注意不要把你父母的期望、社会的价值观和朋友的影响融入你的答案，不要把社会、家人或者朋友认可和看重的事当作自己的爱好，而是亲身体验并用自己的头脑做出判断。其次，不要以为有趣的事就是自己的兴趣所在，不要以为有趣的事情就可以成为自己的职业。例如，喜欢玩网络游戏并不代表你会喜欢或有能力开发网络游戏，不要以为有兴趣就意味自己有这方面的天赋，不过，你可以尽量寻找天赋和兴趣的最佳结合点。例如，如果你对数学有天赋又喜欢计算机专业，那么你可以尝试做计算机理论方面的研究工作。最好的寻找兴趣点的方法是开拓自己的视野，接触更多的领域。如果我当年只是乖乖地在法律系上课，而不去尝试旁听计算机系的课程，我就不会去计算机中心打工，也不会去找计算机系的助教切磋，就更不会发现自己对计算机的浓厚兴趣。

如果你能明确回答上述问题，那你就是幸运的。如果你仍未找到这些问题的答案，那我只有一个建议：给自己最多的机会去接触最多的选择。记得我刚进卡内基·梅隆的博士班时，学校有一个机制，允许学生挑老师。在第一个月里，每个老师都使尽浑身解数吸引学生。正因为有了这个机制，我才幸运地碰到了我的恩师瑞迪教授，选择了我的博士研究方向——语音识别。虽然并不是所有的学校都有这样的机制，但你完全可以自己去了解不同的学校、专业、课题和老师，然后从中挑选你的兴趣。你也可以通过图书馆、网络、讲座、社团活动、朋友交流、电子邮件等方式寻找兴趣爱好。唯有接触你才能尝试，唯有尝试你才能找到你的最爱。

我的朋友张亚勤曾经说过：“那些敢于去尝试的人一定是聪明人。他们不会输，因为他们即使不成功，也能从中学到教训。所以，只有那些不敢尝试的人，才是绝对的失败者。”希望各位同学尽力开拓自己的视野，不但能从中得到教益，而且也能找到自己的兴趣所在。

3. 针对兴趣，定阶段性目标，一步步迈进

找到了你的兴趣，下一步该做的就是制订具体的阶段性目标，一步步向自己的理想迈进。

首先，你应客观地评估距离自己的兴趣和理想还差些什么？是需要学习一门课、读一本书、做一个更合群的人、控制自己的脾气还是成为更好的演讲者？十五年后成为的最好的自己和今天的自己会有什么差别？你应尽力弥补这些差距。

当我决定我一生的目标是要让我的影响力最大化时，我发现我最欠缺的是演讲和沟通能力。我以前是一个和人交谈都会脸红，上台演讲就会恐惧的学生。我做助教时表现特别差，学生甚至给我取了个“开复剧场”的绰号。因此，为了实现我的理想，我给自己设定了多个提高演讲和

沟通技巧的具体目标。比如，我要求自己每个月做两次演讲，而且每次都要我的同学或朋友去旁听，给我反馈意见。我对自己承诺，不排练三次，绝不上台演讲。我要求自己每个月去听演讲，并向优秀的演讲者求教。有一个演讲者教了我克服恐惧的几种方法，他说，如果你看着观众的眼睛会紧张，那你可以看观众的头顶，而观众会依然认为你在看他们的脸。此外，手中最好不要拿纸而要握起拳来，那样，颤抖的手就不会引起观众的注意。当我反复练习演讲技巧后，我自己又发现了许多秘诀，比如：不用讲稿，通过讲故事的方式来表达时，我会表现得更好，于是，我仍准备讲稿但只在排练时使用；我发现我回答问题的能力超过了我演讲的能力，于是，我一般要求多留时间回答问题；我发现讲自己不感兴趣的东西就无法讲好，于是，我就不再答应讲那些我没有兴趣的题目。几年后，我周围的人都夸我演讲得好，甚至有人认为我是个天生的好演说家，其实，我只是实践了中国人勤奋、向上和坚毅等传统美德而已。

其次，你应定阶段性的、具体的目标，再充分发挥中国人的传统美德——勤奋、向上和坚毅，努力完成目标。

去美国之前，我只学过半年英语，因此，语言障碍成为我面临的最大难关。刚开始，同学和老师说的话，我几乎一句也听不懂，那种感觉非常痛苦。那“催眠”一般的语速，总让我在课堂上打起瞌睡。有时候，听到同学们因为老师的一句笑话笑得前仰后合，我才从梦中惊醒，但还是摸不着头脑。

天书一般的英文，开始让我有些望而却步，后来，我干脆带几本中文的武侠小说到课上去读，因为觉得怎么听也听不懂，还不如看小说。美国的教育颇为宽松，老师看到了，多半不会当面指责你，而是听之任之。

然而，我心里又是暗暗憋了一股劲的。那么聪明的我，不应该被语言绊倒啊！于是，我找了一大本英文单词书来背，经常背到半夜，不会的就一次次地翻厚厚的中英对照词典。不过，没多久，我就发现这并不是学英文的最好方法。因为，即使当时记住了一个单词，但是使用率不高的话，就会完全忘记。我终于悟到了，在没有语境的情况下，背单词是没用的。

后来，我还是下定决心用多交流的方式来学习英文。下了课，我不再胆怯，站在同学中间听他们说话。如果 5 个词当中有 4 个听懂了，只有一个听不懂，我也会赶紧问，同学们会再用英文解释一遍给我听。回家以后，我会默默回忆我听不懂的单词，然后记下来。而上课的时候，遇到听不懂的内容，我也勇敢举手问老师，请求老师再说一遍。

在到橡树岭圣玛丽学校的第一年，老师们对我十分照顾。校长玛丽·大卫女士甚至牺牲自己的午饭时间帮我一对一地补习英文，她复印了小学一年级的课文，每天拿来给我念。我还清晰地记得，她教我的第一篇课文是：

I have a dog named Spot.

See Spot walk.

See Spot run.

我有一条叫小花的狗。

看小花走。

看小花跑。

从这样简单的课文起步，我们坚持了一年。在这一年里，我的英文水平迅速提高。学校里所有的老师还允许我享受“开卷考试”的特殊待遇，她们让我把试卷带回家，并且告诉我题目里不认识的单词可以查字典，但是不能看书找答案。我每次回到家都严格按照老师说的做，遇到题目里不认识的单词就去查字典，但是从来没有去翻书找过答案。因为，我觉得这是老师给我的最大信任，我不能辜负这份信任。

通过种种渠道的学习，我的英文终于逐渐接近同龄人的水平了。一年以后，我完全可以听懂老师讲的话了，英文会话也没有问题了。到了初中三年级，也就是到美国两年之后，我写的作文——《漠视——新世纪美国最大的敌人》居然获得了田纳西州的前十名。我想，这和我年龄小，容易接受新的语言不无关系，但也和我勤奋的学习有关。

读博士期间跟着瑞迪教授做科研时，我每天上午 9 点起床，到学校完成自己必须做的课业、助教等工作，中午回家，从中午 1 点工作到凌晨 2 点，一星期有 6 天都是如此，只有星期天是承诺妻子的“休息日”。就算星期天，我也会多次上机去看看我的实验是否在跑。一天 18 个小时，一周 100 多个小时，我坚持了三年半。

从 1984 年底到 1987 年初，我带着另一位学生一起用统计的方法做语音识别。同时，其他 30 多人用专家系统做同样的课题。在 1986 年底，我的统计系统和他们的专家系统达到了大约一样的水平——40% 的辨认率。这虽然还是完全不能用的系统，但毕竟是学术界第一次尝试这么难的问题，大家还是比较欣喜和乐观的。

1987 年 5 月，我们大幅度地提升了训练的数据库，我又想出了一种新的方法来提高识别率，居然把机器的语音识别率从原来的 40% 提高到了 80%！ 统计学的方法用于语音识别初步被验证是正确的方向，我的内心充满了喜悦。

虽然识别率实现了跨越式的前进，但是我一直在问自己，80% 的语音识别率有没有可能再提高一步？从学术会议上回来，我回到了自己租住的小屋里，继续做着各种试验和统计，希望有一天语音识别率能够“更上一层楼”。每一天，我几乎都是困到无法撑开眼皮才睡。

奇迹在某一天早上发生了，当我睡眼蒙眬地开始敲程序的时候，忽然发现语音识别率一下子提高到了 96%！我揉了揉眼睛，不敢相信。我赶紧把程序重新敲了一遍，发现语音识别率果然提高到了 96%，一股巨大的幸福的眩晕的感觉涌了上来。在昨天晚上的一个程序中，我只改写了一些细节，没有想到，正是对这些细节的修改，让我的研究成果取得了突破性的进展。

我从这几个经历里感受到目标都是属于自己的，目标设定过高固然不切实际，但目标也不可定得太低。制订最合适的目标，主动提升自己，并在提升的过程中客观地衡量进度，达成了一个目标后，可以再制订更有挑战性的目标。最重要的是，要为了达到自己的目标付出一步步的坚实的努力。

我希望你们可以从这封信中获得“人人都可以成功，我可以选择我的成功”的信念，希望你们能够成为一个拥有正确的积极的价值观、态度和行为的人；一个追寻理想和兴趣、终身学习和执行的人；一个能够从思考中认识自我、从学习中寻求真理、从独立中体验自主、从实践中赢得价值、从兴趣中拾取快乐、从追求中获得力量的人；一个拥有选择的智慧，并用智慧选择成功的人；一个融会中西的国际化人才；一个最好的自己。

主 题 谈选择

反复叩问自己的内心，向人生更远的方向看去，而不是被眼前的喧嚣所迷惑。

发件人：李开复 ▼

KAI-FU LEE

第 九 封 信

谈选择

2009年8月5日，美联航UA888次航班缓缓地在加利福尼亚州降落，我又一次来到了那座再熟悉不过的港口城市——旧金山。我曾经在这里起飞、降落过无数次。当时眼前的景色依然深刻地印在我的脑海里：阳光温暖地照耀着水面，空气里有股微甜的清新味道，远处旧金山湾的海水，灰中微微荡漾着湛蓝，横跨在海面上的那座著名的砖红色大桥，刚毅挺拔，泛着陈旧的岁月的光芒。我深深地吸了一口早晨清冽的空气，好像在用心感受一种不同于以往的心情。当时，我即将做出一个重要的人生选择。尽管前面充满了悬念，但是我依然相信内心的声音。我知道，只有追随我心的选择，才能激发起身体里最大的潜能，拼尽全力向下一个目标靠近。一如过去很多选择曾带给我类似的人生体验。在这封信里，我想跟你们分享我的关于选择的故事。

我无法忘记1990年夏天那次来到加州的情景，那时我也面临着一个巨大的选择。当时年仅28岁的我是卡内基·梅隆大学最年轻的副教授，只要再坚持几年就可以得到终身教授的职位。这意味着终身的安稳，可以在世界排名第一的大学计算机系中做研究。但是苹果公司希望我放弃这一切，我清楚地记得当时苹果公司的副总裁戴夫·耐格尔对我说的话，他举着一杯透亮的葡萄酒对我发出邀约："开复，你是想一辈子写一堆像废纸一样的学术论文呢，还是想用产品改变世界？"

这句话直击我的软肋，点燃了我多年"世界因你不同"的梦想。Make a difference——让世界因我不同，一直是我在哥伦比亚大学时期的哲学老师最为推崇的人生态度。想象一个没有你的世界，让有你的世界和无你的世界作出对比，让世界由于你的态度与选择发生有益的变化。老师说，这就是人生存在的哲学意义。让世界因我不同，将人生的影响力最大化，提供给我一种思考与世界观。

1990年，我做出了职业生涯中第一个重要选择，我放弃了对终身教授职位的追寻，加入了改变世界的队伍。

这给我的人生带来了无尽的惊喜。

在苹果公司，我感受到做产品的无穷乐趣，我和同龄人一起畅游在市场前沿，感受着扑面而来的市场竞争。在一个叫Mac III的小组，我们尝试着把语音识别的技术融入电脑里，试着让躺在纸上的学术论文变成现实。一年之后，我成为苹果研发集团ATG语音小组的经理，后来成为苹果公司最年轻的副总裁。在苹果，我的团队发明了Quick Time，这个产品点燃了多媒体革命，也帮助促成了像iPod、iPhone这样的奇迹。经过在苹果的成就与挫折，我逐渐理解纸上谈兵的理论创新是无用的，做产品必须与实际相结合，要做有用的创新。

这次选择奠定了我今后的道路，我放弃了一个铁饭碗，却开始拥抱更精彩的人生。

在这之后，我不再害怕放弃。我相信，只要从心开始，每一个选择背后，都隐藏着一片新的世界。当一个机遇来临，只要正确评估自己的潜能，融入对人生的理解，就能获得这片新的世界。

1998 年，当我选择回北京创建微软中国研究院时，身边相当多的科学家都认为我颇具“冒险精神”。他们认为当时中国大陆的学术环境不佳，人才不够优秀，生活条件艰苦。几乎所有人都认为微软中国研究院成功的可能性不大，这样的选择很可能“自毁前程”。但是，这些都无法改变我追随内心的决定，因为我一直受到父亲的影响。

我的父亲出生在四川，晚年一直在台湾生活。他从来没有忘记对祖国的爱。不管是早年在书房里埋头撰写有关祖国的书籍，还是晚年到美国陪我生活时透露让我回国的愿望，我都能深刻地感觉到他内心的那一份深厚的感情。父亲对祖国的感情震撼了我，也给了我选择的勇气和决心。

背负着父亲的理想和自己内心的愿望，我不顾劝阻回到了北京。在那座咖啡色的希格玛大厦里，我们从一个三人小团队开始孤军奋战，到设计出一个研究院运营的体制，到攻破一个个科研课题，微软中国研究院从一个很小的雏形渐渐演变成了一个颇具规模、具有国际水准的研究机构。我们发表的论文在有关领域超过了亚洲任何类似的科研组，甚至足以挑战美国最先进的高校。我们被麻省理工学院选为“世界最火的计算机实验室”。员工们紧密团结的合力最终成就了微软中国研究院的起飞，这也再次见证了选择的力量。

当你听从了内心的声音，你就会全力以赴地为那个声音努力，拼搏，直到到达彼岸。

通过这次的选择，我逐渐意识到自己喜欢做的事情和自身的优势。这种感觉在我被调回微软总部后更加深刻。与其在一个庞大的机构里当一个随时可被替换的“光鲜零件”，我更愿意利用自身的优势，做开创性的工作。

于是，一种力量驱使我作出了另一个令人激动的选择。我放弃了世界最大、最成功的微软，从这架庞大的机器上把自己替换出来，选择把另一个硅谷童话带回中国。

当我看到谷歌（Google）决心在中国开拓市场时，我相信，这个机会离我只有一步之遥。我给我的老朋友，谷歌的首席执行官艾瑞克·施密特写了一封希望加盟的邮件，得到了张开双臂的欢迎。当心中的声音足够强烈的时候，选择就不该有丝毫迟疑。

尽管西雅图和硅谷都在美国西部，距离很近。但是从那儿到这儿，我却整整走了两个月。

一次普通的工作转换意外地演绎成我人生中最大的风波。微软以我违反竞业禁止协议为由，将我和谷歌一并告上法庭。

我相信，是从心选择的力量支撑着我度过了那段日子。它让我从悲愤中渐渐地安静下来，用胸怀接受了不能改变的事情，然后激励自己用勇气来改变可以改变的事情。

这件事情像一面凸透镜，聚焦了人性的美丑，也凸显了从心选择的强大力量。当所有的风暴过去，剩下的只有更加坚强的生命、更加坚定的意念。回过头来看那段岁月，我感觉它像金子一样在发光，因为它给予了我人生中更为宝贵的经验，那就是面对人生低谷时如何做出选择，是放任自己的悲伤还是逆流而上？ 这些经验都被用在了我之后在谷歌中国的四年时光里。

经历重大的放弃与选择之后，我迎来了一片新的世界。加入谷歌中国是一段无怨无悔的日子，我甚至可以说，这是截止到目前，我职业生涯中最精彩、最具有戏剧性的篇章。之前的离职风波，让我与谷歌中国有一种惺惺相惜的感觉。感觉它更像我的朋友、我的家人，而不是一份单纯的工作。因此，整个过程我都全情投入。

从修改一个搜索结果的微小细节出发，到对公司战略的全盘把握，在整整四年的时光里，我努力地把谷歌“平等、创新、快乐、无畏”的精神带到中国。这个过程并非一帆风顺，但是我们坚持着自己的信念与价值观，保持着超强的耐心精耕细作。

从 2006 年强调专注搜索开始，我压抑着身边跃跃欲试的年轻工程师要做更酷、更炫的产品的呼声，同时也把那些“想快赚钱，买流量”的声音屏蔽在我们的世界之外。解决断网问题、提高搜索质量、让整合搜索呈现得更完美——这是谷歌中国创立后最专注的事情。

在谷歌的经历甚至让我忘记了以前碰到的冤枉和委屈，也让我忘记了险恶的互联网环境中遭遇的挑战和坎坷。这种改变世界的感觉带来了心中的一股暖流，让我再次相信：只有发自内心的选择才能够支撑你渡过一个又一个难关。

在谷歌的这四年对我来说，又是一次飞跃式成长。所有的经验、所有的成败、所有的荣辱换来的承压能力、所有的应对暴风骤雨般危机的能力，已经全部融会贯通在我的血液里。然而，当谷歌向我发出新的邀请，邀请我下一个四年继续留任时，我的回答却是——不！

当我尝试着把离开谷歌的决定告诉身边的亲人时，他们不禁瞪大了眼睛惊呼：“什么，你开玩笑？ 世界上还有更好的工作吗？”我当时面对的是价值上千万美元的股票和薪水，一个风光诱人兼具辛苦的职位，一个被天才们包围的工作环境。是的，这样的工作机会已经千载难逢，那还有什么能够让我痛下决心呢？

我想，那就是来自我内心深处的声音了。当时的谷歌中国已经发展到一个平稳的阶段。对于谷歌，我已经没有遗憾，但我的人生还有一个缺憾没有实现，就是去创办一家帮助青年创业的“创新工场”，和青年一起打造新奇的技术奇迹，我想用自己的主动性做一个掌控全局的工作。我已经到了这个人生阶段，再不去做，我真的很怕来不及了。

当一个微小的火种慢慢地在心里闪烁，最终蔓延成为燃烧的火焰；当一个并不清晰的潜意识渐渐地野蛮生长，成为了明确的意志；我想，这就是做出改变的时候了。这和我此前很多次的人生经历相似，每一次放弃，都有争议，都有挣扎，都有留恋。但是最终通过理性走向平静，我深刻地知道，每一次的放弃与选择，都是“舍”与“得”的对应。我们只有倾听内心的声音，真正做到“舍弃”，才可能让自己全力以赴，到达心中的下一个“理想国”。

随着年龄的增长，每一次选择的机会成本会越来越大。随之对应的是做出选择时需要的勇气越来越多，勇气与年龄的增长就成了反比。

因此，我坚定地在此刻做出选择，生怕日后再没有机会。

回望我的工作经历，经过苹果、SGI、微软、谷歌四个世界顶级公司的历练，我感觉到内心渐渐充满了一种能量。这种能量让我从心底生发出很多有关产品的奇思妙想，我的一些思绪常常在空气中驰骋，却又被眼前现实中巨大的工作量所淹没。我希望我能有不囿于眼前紧密的日程表的一片空间，能够放松地让这些奇思妙想落地生根、发芽，以至于给人们的生活方式带去惊喜。

不仅如此，我希望把所有聪明人关于科技的奇思妙想集中到一个盒子里，然后让它们经过碰撞，擦出火花，最终经过经验丰富的导师的指导，形成独立的团队投入运作。我的理想是让这个盒子成为“哈利·波特的魔法书”，产生“改变世界某个细枝末节”的魔力。

过去这11年断断续续在中国大陆的工作经历，以及父亲对我的影响，让我对中国这片土地充满了难以表述的感情。因此我毫不迟疑地仍将下一个目的地定位在这里。尤其是我与中国青年十年的交流与接触，让我相信这里的智慧内存无比强大。

因此，当时机逐渐成熟，我终于可以轻装前进，和中国的年轻人站在一起时，我将把毕生工作所得的经验亲手教给他们。我希望能够和他们在一起，让我之前积累的工作经验，能够很好地帮助他们建立团队、孕育文化、提升领导力。我希望和他们在一起，让我所创立的“创新工场”提供给他们一个机会，让他们有资金、有时间去实现自己的创业梦想，而我也愿意充当一个创业教练的角色，站在他们身边，告诉他们我所犯过的错误，让他们能够飞过一片时间的海洋，找到到达成功彼岸的路径。

是的，这就是我的新选择。

从一个资深职业经理人的角色里脱身而出，变成一个带领年轻人的创业者，一个互联网“创新工场”的带头人，一个创业者的教练。我相信，我还能找到从无到有创建一个机构的热情。审视自身，为什么我的内心会发出这样的声音呢？

我与我在读博士期间的同学兰迪·鲍许教授有着十分相近的想法。罹患胰腺癌的兰迪在过世前曾经做过一场风靡全美的讲座，题目是——

《真正实现你的童年梦想》，该讲座的视频在不同的视频网站上被点播了上千万次，《华尔街日报》把这次讲座称为“一生难觅的最后的讲座”。兰迪除了告诉人们应该不断打破自己内心的砖墙，克服恐惧追寻自己内心的梦想之外，还讲到了真正伟大的目标：帮助别人完成梦想，做一个助人圆梦者。他说：“我发现，帮助他人实现他们的梦想，是唯一比实现自己的梦想更有意义的事情。”

我越来越相信，当我已经完成了很多梦想之后，我更大的愿望就是帮助中国的年轻人圆梦。这将比个人的成功更具有意义，也可以将我个人的力量尽可能地放至最大。

我一直认为兰迪教授所说的“Lead your life（引领自己的一生）”这句话既简短有力又意味深长。“Lead your life”而不是“Live your life（过一生）”，也就是说，不要只是“过一生”，而是要用梦想引领自己的一生，要用感恩、真诚、助人圆梦的心态引领自己的一生，要用执着、无惧、乐观的态度引领自己的一生。如果做到了这些，人的一生就不会再有遗憾。如果说之前的选择我是在一个框架之下做出的，那么现在的选择，则更有“Lead my life”的色彩。

因此，我热切盼望着和中国的年轻人并肩作战的日子，那将是一段更为大胆的、未知的旅途。

这就是我的关于选择的故事。

人的一生将会面临着无数的选择，每走一步都决定着“人生下一步”这个严肃的命题。它如此玄妙，又如此令人紧张。很多同学都在不同的场合问我，怎样才能拥有选择的智慧？

我的答案就是，反复叩问自己的内心，向人生更远的方向看去，而不是被眼前的喧嚣所迷惑。

正如苹果创始人乔布斯曾经劝慰年轻人的那样："不要被信条所惑，盲从信条就是活在别人思考的结果里。不要让别人的意见淹没了你内在的心声。最重要的，拥有跟随内心与直觉的勇气，你的内心与直觉多少已经知道你真正想要成为什么样的人。任何其他事物都是次要的。"

你未来的人生之路，就在你的每一次选择中。

主题　谈爱

我坚信的未来是由人工智能的思考能力，加上人类的爱的能力构筑的。

发件人：李开复 ▼

KAI-FU LEE

第　十　封　信

谈　爱

我是个在爱中长大的小孩，母亲在 40 多岁高龄生下我，给了我无尽的爱。父亲对我的爱深沉如山。我在 21 岁时就结了婚，妻子先铃自始至终给了我无微不至的照顾。我生活在爱中，当时却不自知。直到我生病了，在与病魔斗争的日子里，是家人的爱给了我勇气，让我战胜病魔。这给我对思考人工智能与人类的共处问题带来了新思路。人工智能时代，爱让我们有别于人工智能。在这封信里，我想跟你们谈谈爱。

年轻的时候，我对人工智能产生无比的热爱，无形中我的思维方式与计算机算法的清晰逻辑如出一辙。在追求事业的同时，我努力寻求事业和家庭的平衡。我的方法是，把生活中的一切事物——友情、工作和家庭时间转换成算法的变量，输入我的“人生算法”，求取结果。这套“人生算法”和其他算法一样，必须在多重目标之间找到平衡。就像自动驾驶汽车不仅要规划最快到家的路线，还要遵守法规、减少事故风险，我也必须在个人的生活和职业发展之间做权衡。年轻的我竭力攀登事业的高峰，因此我的算法主要是为了实现我自身的职业规划而开发，目标是使工作时间、社会名声和职业地位呈现最优的形态。现在回想起来令我羞愧的是，当时我的家庭生活只能以函数优化的方式被处理：尽可能少花时间并且实现预期结果。而当我患有癌症后，我最大的遗憾是，我没有把时间花在陪伴家人上。在与病魔斗争的日子里，家人的爱不仅给了我身体上的重生，也让我的精神受到了一次洗礼。

生病以来，家人给予我的关爱是治疗期间支撑我的力量源泉。尽管这么多年来我陪她们的时间很少，但在我生病后，妻子、姐姐们和两个女儿马上前来照顾我。在让人精疲力竭且似乎永无止境的化疗过程中，先铃始终陪着我、照顾我，睡觉的时候守在我床边。化疗会影响消化系统，有些正常的气味和味道都会引起反胃或呕吐。我的姐姐们给我送饭时，都会仔细注意我对每种气味或味道的反应，不断调整食谱和配料，以便我在治疗期间也能享用她们在家里烹煮的食物。在治疗期间，她们无私的关爱和无微不至的照顾让我感动得不能自已。她们亲身示范了我顿悟到的一切。我把之前想通的所有内容整合起来，变成了浇灌我的内心、随我的身体一起恢复健康的情感。

这些领悟也令我重新审视人与机器、人类心灵与人工思维之间的关系。我回想生病的经历，从 PET 开始，到诊断、感受自身的痛苦以及随后的生理和心理上的恢复，通过这些我逐渐认识到，治愈我的药物包含两个部分：科技和情感。这两点都将成为人工智能未来的支柱。

医护人员用他们多年的经验和尖端的医疗技术控制住了我体内生长的淋巴肿瘤，他们用专业知识以及为我量身定制的治疗方案挽救了我的生命。然而，这仅仅是治愈我的半剂良药。先铃、女儿、姐姐们和母亲对我的无私的爱给了我巨大的精神动力战胜病魔，让我知晓了爱的意义。此外，布朗妮·韦尔关于临终遗憾的呕心沥血之作，在我最脆弱的时刻让我重燃希望。如果没有这些不可量化的感情联结，我永远不会明白生而为人的真正意义。

在不久的将来，人工智能算法可以代替医疗人员完成许多诊断的工作。人工智能算法做出的诊断、给出的治疗处方甚至比人更有效率，但没有任何算法可以替代家人在我的治疗过程中的作用。他们给予我的东西比人工智能产生的东西要简单得多，却也深刻得多。

人工智能固然强大，而人类独有的爱才是我们的生活中最需要的。

2017 年 5 月 27 日，柯洁输给 AlphaGo 的那场对决结束后，很多人惊呼机器可以战胜人类了。但我对这场比赛却有着另一层认识。当其中一局比赛进行到 2 小时 51 分时，柯洁遇到了瓶颈。他已经竭尽全力，但他也知道这还不足以对抗强大的 AlphaGo。他的头低垂在棋盘上方，皱着眉头，噘起嘴唇……他取下眼镜，再也无法克制自己的情绪，用手背轻拭双眼泛出的泪水。这些动作转瞬即逝，但所有人都能看出他的情绪。那些泪水引发了人们对柯洁的同情与支持。在这三局比赛中，柯洁流露出了人类真实情绪的起伏——自信、焦虑、害怕、希望和心碎。这展现了他的拼搏精神，我也看到了真正的爱——出于对围棋、围棋历史以及对这项游戏纯粹的爱，他愿意与无法战胜的对手缠斗。看了柯洁比赛的人也对他报以同样的爱意。AlphaGo 获得了比赛的胜利，落败的柯洁却成了人们心目中的斗士。在人们相互之间的爱意中，我窥见了人工智能时代寻找工作与生命意义的希望。

我相信，如果能用好人工智能技术，人们有机会看清身为人类的真正意义。

我在接受化疗时，有一位连续创业的老朋友来拜访，给我讲述了最近创业中遇到的问题。这位朋友成功创办并卖掉过几家消费领域的科技公司。随着年龄的增长，他想做一些更有意义的事情：为科技创业公司常常忽略的人群开发适合他们的产品。朋友的父母和我的父母都到了日常生活需要更多帮助的年龄，所以他决定开发能够方便老年人生活的产品——一款放置在老年人床边的触摸显示屏。通过这块大屏幕，老人可以使用一些简单实用的应用程序来获得线上或线下服务，如订餐、看电视剧、和医生通电话等。老年人难以驾驭复杂的互联网产品，也很难准确点击智能手机的小按钮。而这款产品将一切尽可能简化，所有的应用程序仅需点击几下即可使用，屏幕边缘还有一个可以直接呼叫客服的按钮。我觉得这是一款非常棒的产品：子女成年后忙于工作，无暇照顾年迈的父母，几乎在世界上的每个角落都有这样的情况出现。一块触摸显示屏很好地解决了这样的问题。但在产品测试版投入市场后，一个意外的问题出现了：在所有的功能和应用中，使用最多的不是食品配送、电视控制或医疗服务，而是按键呼叫客服。于是，公司客服代表接到了大量老人的来电。这究竟是为什么呢？是设备不够简单易用，还是老人连按一下屏幕都有困难？都不是。根据客服代表的反馈，老人们呼叫客服并不是因为有操作困难，而是因为感觉孤单，想有人陪着说话。许多老人的子女都会尽力满足父母的物质需求，如吃饭穿衣、看病抓药、日常娱乐等。但是老年人最大的需求——人与人之间的真实交流，却无法满足。

如果几年前有人问我同样的问题，我的建议很可能是用科技手段解决，例如提供人工智能聊天机器人给老年人群。但自从患病后，我开始思考人工智能引发的就业与生命意义的危机问题。这时，我的答案明显不同了。在触摸显示屏老年用户渴望与真人交流的需求里，我看到了人类和人工智能共存的可能。没错，智能机器将越来越擅长人类目前的工作，也能逐步满足人类日益增长的物质需求，影响行业发展并逐渐取代人力劳作。但是，爱是我们与智能机器最大的不同之处。不管机器学习方面取得多大进步，我们依然没办法创造出可感受情绪的人工智能机器。例如，机器能体会到投入一生时间后终于击败世界冠军的那一刻狂喜吗？ AlphaGo 确实击败了世界冠军，但它体验不到成功的喜悦，更不会因此激动得想拥抱它爱的人。与科幻电影《她》描绘的不同，人工智能还是没有爱或被爱的能力与渴望。该片的女主角斯嘉丽·约翰逊或许能让我们相信人工智能具备爱的能力，但我们有这种感受的原因也很好理解——斯嘉丽是人类，她在电影中用她对爱的理解打动了观众。

试想，先告诉一台机器将被永远关机，然后又告诉它计划有变，它可以继续“存活”下去，这台智能机器会因此改变它的“人生观”，或发誓花更多的时间去陪伴它的机器伙伴们吗？ 我相信，它不会变得感性，也不会发现爱人或服务他人的价值。

我看到的未来社会的希望，是人类在心灵成长、共情与爱这些方面独一无二的能力。我们必须在人工智能和人类特有的感情之间建立新的协同，并利用人工智能必将带来的高效生产力，让社会变得有爱、有人情味。这样，人类在未来才可以同时享有经济繁荣与精神富足。虽然前进的路上会有坎坷，但是如果我们能够因这个共同目标而团结起来，我相信人类不仅在人工智能时代可以存活下去，我们更会以前所未有的速度蓬勃发展。

在我进行化疗、癌症开始好转的时候，我发誓要谨记癌症带给我的启示。确诊后几周的时间里，我经常夜不能寐，一遍遍地回顾我的人生，思考自己为什么如此盲目。我告诉自己无论还有多少时间，都不能再让自己成为一个机器。我不会靠着算法生活，也不会尽力优化变量。我会尝试与爱我的人分享爱，做一个懂得爱人的人就够了。

康复后，我开始珍惜与最亲近的人相处的时光。以前，我的两个女儿放假时，我只会抽两三天的时间陪伴她们。而现在，我会花两三周的时间与她们共处，甘之如饴。无论出差还是度假，我都会和妻子一起出行。我抽出了更多的时间在家照顾母亲，在周末与老友们一同出游。我也主动联系了多年前曾经被我伤害或忽略的朋友，请求他们原谅我，希望可以重建友谊。我会与那些向我求教的年轻朋友见面，而不只是通过社交媒体，进行不那么直接的交流。我尽量不通过“潜力大小”来给会面排定次序，无论来人地位或才能如何，我都会尽我所能与所有人平等接触。我不再思考墓碑上将会写什么，这不是因为我害怕思考死亡这件事，而是现在的我更加清楚，生命无常，死亡一直长伴左右。墓碑只是一块死气沉沉的石板，无法与生活中丰富多彩的人们相提并论。我认识到，周围许多人视为本能的事情，我才刚开始了解。虽然这些领悟很简单，却改变了我的生活。

爱是第一眼看到新生儿的瞬间，是坠入爱河的那一刻，是朋友的倾听所带来的温暖，或是帮助别人时感受到的自我提升……人类对自己的心灵还欠缺认识，更谈不上去复制。但是我们确实知道，只有人类具有爱与被爱的能力，也希望爱别人和获得爱。而爱与被爱的感受构成了我们生命的意义。我坚信的未来是由人工智能的思考能力，加上人类的爱的能力构筑的。如果我们能够创造这种协同作用，我们就能在发扬最根本的人性的同时，利用人工智能无比强大的力量创造一个繁荣的世界。

主 题 谈幽默

我天生的乐观和幽默感大概是在我生死关头、命悬一线时，一次又一次地引领我走出困境、发挥自身疗效的一剂良药。

发件人：李开复 ▼

KAI-FU LEE

第十一封信

谈幽默

很多人刚跟我接触时，会觉得我很严肃。但是，接触久了，又觉得我这个人很幽默。其实，我从小就是个很爱搞恶作剧的小孩，幸运的是，我的妈妈与很多传统的中国家长不同，她很容忍我的恶作剧，一般也任由我去发挥自己的“创造力”。我认为幽默是在我的血液里根植，同时也是我的宽松的家庭氛围给我的一种乐观特质。罹患癌症后，我天生的乐观和幽默感大概是在我生死关头、命悬一线时，一次又一次地引领我走出困境、发挥自身疗效的一剂良药。在这一封信里，我想和你们说一说我的幽默，你会看到一个不一样的李开复。同时，也希望你们能认识到幽默是一种非常难得，能够助你渡过难关的品质。

其实我发自内心地认为，幽默是我们李家的家风，我顽皮的天性自幼就不时展露，诙谐搞笑的个性在美国的自由环境中，更如春风野草般得以尽情发挥。

小时候我最讨厌的事情，就是上床睡觉。每次我上床以后，总是一个人躺在黑黑的房间里睁着眼睛想：为什么小孩子必须睡，而大人可以接着玩呢？每次我都深感失落，恨不得将睡觉时间缩到最短。有一次，我实在不想睡觉，就突发奇想，何不把家里所有的钟都拨慢一个小时呢？于是，我趁家里没人，爬上高高的柜子，拨慢了大大的钟，又潜入母亲的卧室，调慢了她的闹钟，接着跑到姐姐的房间里，弄慢她的手表。一轮下来，我满头大汗，终于完成了所有的“工程”。

当晚，我顺利地晚睡了一个小时，特别得意。可第二天，全家老小都被害得晚起一个小时。上班的、上学的，鸡飞狗跳，落荒出逃。姐姐们怨声载道，而就算是这样顽皮，妈妈还是宽容地对我，没有骂我，甚至说：“幺儿还挺聪明的！”

小学五年级的时候，我和外甥伟川合著了一部科学、武侠、传奇、爱情巨作——《武林动物传奇》，主人公就是我的家人。

我给他们每个人都编了个名字，他们要么行侠仗义，要么惩恶扬善。在开篇的人物介绍里，我根据他们的性格特征画了像、做了诗。我的四姐李开菁，当时又矮又瘦又黑，我却给她起名“擎天柱白高飞（肥）”，配诗是“人人都向她低头，只是因为她太高，眼睛也是十分好，是否投进了这个球？”在这首嘲笑她太矮、篮球打得不好的歪诗旁边，我还配上了“白高飞”的图片：一个又矮又瘦又丑的小人，拿着比她长好几倍的长矛。四姐气得要命，我和伟川却觉得有趣极了。我们给另一个外甥宇声画的是一个穿着古装的拿着叉子的猪八戒形象，对他我们也有详细的描述：“得其母遗传，体重三千斤。得其父遗传，没有好脑筋。”当然，我也没忘了自嘲，书里有句话：“你要记住啊，越吃就越胖，越胖就越不动，越不动胃就越大，胃越大就越胖。”这是爸爸讽刺我胖的名言。

在这部长达数万字的小说里，每个字都是我们亲笔书写，每幅插图都是亲笔绘制，我们还在每页的右上角标上页数，做得如同一本真的出版物一样。在这本“手绘本”的最后，我还写上几行字“1972 年 8 月 3 日发行……翻印者死！”

家里的每一个人都争相传阅这部小说，大家都被里面的人物逗得哈哈大笑，妈妈也觉得非常了不起，一直珍藏着这本武侠小说。这可能是我儿时最大的“文学成就”了。据说，邻居们听了都纷纷跑来借阅这本传奇，在小街区刮起了一阵风潮。我当时还跟母亲开玩笑说：“要不然我们真的卖给他们算啦！”

有一次，我在社交媒体上写了一篇初中学英语的故事，一位很久没有联络的初中同学就留言讲了另一个连我自己都忘了的顽皮事迹。他说：“我记得当时在教会学校，有一次老师要开复教我们讲中文，他趁修女老师不注意，教了我们中文的各种版本的三字经……”那次的玩笑大概是开得过火了，我就选择性地把它给忘了。只是，江山易改，深植在我基因里的老毛病还真难改。长大之后虽然稍有收敛，但一有机会，我还是信手拈来一个鬼点子，开个谑而不虐的玩笑，把好朋友戏弄一番，自娱娱人，常有料想不到的效果。

念大学时我和我的室友拉斯也很爱搞一些恶作剧。对面宿舍一个讨厌的室友总是爱财如命，自以为是，并以富家公子自居。他身形巨胖，长得很丑，但是却认为自己很帅。我和拉斯趁他睡觉的时候把“kick me（踢我）”的小字条偷偷地贴在他的屁股后面，白天他总是不明就里地挨踢，一脸的莫名其妙。他视财如命，趁他不在，我和拉斯把他放在床头的零钱摊了整个屋子，然后用强力胶贴在桌上和整个地面上，他回来以后，大呼小叫地去捡钱，结果，才发现那些硬币紧紧地贴在地上。他只好用刀子把钱一枚一枚地撬起来。我和拉斯躲在暗处，哧哧地憋着不发出声音，以防笑得太大声被他发现。后来，这位富家公子到辅导员那里告状，但是他只告了拉斯，因为他和辅导员都认为“开复这么内向温和的学生不可能跟拉斯一起胡闹的”。拉斯也很讲义气，没把我招出来。

拉斯很直率，很幽默。我经常嘲笑他“笨得要死，编程的速度比老牛拉车还要慢”，他也经常反击我“永远找不到女朋友，见到女孩脸就比猴子屁股还红”。拉斯的电脑作业做得惊人得慢，一般总是拖到最后，还一塌糊涂，然后不得不找我帮忙。我已经习惯了做他编程作业的“枪手”。有一次，他欠了一堆作业没做，我就故意没回宿舍，让他找不到我，他只好急忙跑去实验室补作业。当他用自己的账号登录时，电脑发出了警告：“今晚 11 点，所有机器将例行维修，无法登录。”这意味着这家伙必须用短短 3 小时赶完所有作业。对动作慢吞吞的拉斯来讲，这已经是一个极大的心理挑战。可当他写好程序，开始编译的时候，电脑再次跳出对话框：“磁盘障碍，档案已经遗失。”拉斯惊慌失措，赶紧重新做了一次，不幸再次发生，电脑报警：“系统障碍，所有文档全部遗失。请打开某某文档。”他一打开这个文档，就看到我的留言：“傻瓜，你上当了！ 这些障碍信息都是我骗你的。你的功课已经帮你做好了，就在你的抽屉里，回来吧！”拉斯看到这条信息的时候才知道，我盗用了他的电脑密码，并策划了这起让他哭笑不得的“阴谋”。

有一年，我和拉斯都没有钱买机票回家过节，就留在学校里寻找打工的机会。有一天，他从学校食堂搬回来 25 千克的奶油芝士，打算自己做蛋糕。我们计划做 20 个蛋糕，天天当饭吃，省出假期的饭钱。25 千克的芝士根本没办法用普通的搅拌器来搅，我们只好倒进一个大桶里，每人拿一个棍子使劲搅。蛋糕做好后，我们开始每天吃同样的奶酪蛋糕，吃到最后，已经到了看都不想看蛋糕、提也不想提“蛋糕”这个词的地步。直到七八天后，拉斯突然对我说：“开复，天大的好消息！剩下的蛋糕发霉了！”那天，我们俩坐地铁到唐人街最便宜、菜量最大的粤菜馆，叫了6道菜来庆祝蛋糕发霉。

“做蛋糕”这个词，后来成了只有我们才能听懂的暗语，就是指做同一样东西做得太烦了，直到让我们恶心。比如，“这个编程作业就像做蛋糕一样费劲”“看懂这个程序，比吃蛋糕用的时间还要长”，等等。别人听得云里雾里，我们却能很有默契地击掌。

有意思的是，拉斯喜欢做蛋糕的习惯保留了下来。每年圣诞节，他都要寄给我一个他亲手做的蛋糕，每次都加上糖和朗姆。但是，圣诞节时他从德国寄出，等我收到的时候，基本上已经到春节了，我们全家谁都不敢吃这个蛋糕。

因此，我发邮件给拉斯，感谢他从德国传来的祝福，但是让他不要再寄蛋糕给我了。可拉斯回信说：“这是我的一份心意，我一定要寄。”

2000年，我从微软中国研究院调回微软在西雅图的总部工作。那一年，由于搬家的工作十分繁重，我忘记了告诉拉斯。结果，拉斯又寄了个蛋糕到我原来的地址，结果，邮政系统查无此人，蛋糕又退回到拉斯的家里。拉斯收到蛋糕十分惊讶，他发了封邮件给我说：“你知道吗，我一直以为，在蛋糕里加朗姆和巧克力是一种古老的防腐方法，所以，当我今年5月份收到我去年圣诞节寄给你的蛋糕时，我在想，我终于有机会试试这种防腐的方法是不是管用啦。现在，我很高兴地告诉你，开复，我把那个蛋糕吃啦！而且，更大的好消息是，我还活着。”

我对着电脑哈哈大笑起来，马上回了封邮件说："很高兴你试验了 5 个月的蛋糕的质量过关，你知道吗，我其实把我们在宿舍做的芝士蛋糕留了一块，1980 年就通过波兰邮政局寄给你了，不过你们波兰邮政局效率有问题，所以你可能会在未来几个月内收到，到时候，你可能品尝到长达 20 年的蛋糕呢。"

现在回想起来和拉斯在一起的玩恶作剧的青春岁月，是那样快乐和美好。人们离开大学后，有着各自的生活轨迹，但现今一切的快乐似乎都无法取代当时的那种单纯的快乐。

耶鲁大学的研究发现，笑的感染力超过所有其他的感情，人们总会反射式地以微笑回报微笑，开怀大笑更能迅速创造轻松的气氛。此外，幽默的笑也能促进相互信任，激发灵感。很多同事刚开始都以为我很严肃，一起工作久了，逐渐发现我是个很爱开玩笑的人，就常常跟我分享生活的点滴。有一次开员工大会之前，一个年轻男同事跟我抱怨："太太生小孩后，当爸爸的就很辛苦。"我安慰他说："没问题，我可以帮大家想办法逃避劳动。"他兴奋地凑过来想听听我有什么"秘方"，我故作神秘地说："最大的秘诀就是要让太太给孩子喂母乳，这样你就可以很无辜地说，'我也想夜里起来帮你喂奶，可是我爱莫能助啊！'"

我在创办微软中国研究院的第一天起，就希望为研究院营造一种宽松的环境。我不允许员工称我"李总"或者"李院长"，而是喜欢大家按照美国的习惯，叫我"开复"。研究院所有人之间都是直呼其名，很多人刚开始不太习惯，日子一长，也都慢慢适应了。后来，亚勤私下里叫我"KFC"，因为我名字的简写是 KF，我为了"报复"他，就叫他"牙签"（YQ）。

研究院初创的时候，我们喜欢围着一个桌子吃午饭，还规定每个人轮流讲笑话，讲不出来就要受罚。有些女同事讲不出来，就掏出手机来翻。

在公司决策方面，我极力倡导依靠大家的集体智慧。最有趣的例子就是我发动大家给会议室取名字。早期，我们的会议室没有名称。我想，为什么不召集大家一起来想呢？我立即发出一封邮件："大家都来发挥自己的创意，想想如何给我们的会议室命名，比如，我想了个名字，叫火药库！大家觉得怎么样？快来参与！"在邮件的末尾，我还画了一张笑脸。我觉得在火药库里，大家擦出思想的火花，是一个不赖的比喻。邮件一发出，很快引起热议。研究员徐迎庆最先群发了一封邮件："开复的火药库的名字不错，那我们可以用四大发明来命名我们的会议室，比如火药库、司南车、造纸坊、印刷厂。"行政助理郑薇回应说："可以用中国古代哲学家的名字，可以联想到我们的会议室里都是奇思妙想！"研究员张高提出："可不可以用计算机科学家的名字，比如阿伦·图灵、阿伦·伯利斯，以激励研究人员在科学的道路上勇于攀登。"徐彦君建议用"雅典娜"来命名，以示对研究院女同事的敬意，用"罗马"来命名另一个会议室，因为这是一个最早建立议会制的城市，这象征着研究院要进行平等的学术交流。关于命名的邮件你来我往，好不热闹。我再次发出邮件说："我忽然觉得四大发明的名字挺有意思，我自己又想了一个，零和一的概念跟计算机息息相关，可不可以用'Zero Room'来命名一个会议室，不过，我就不知道如何用中文准确表达了，总不能叫'零堂'吧。"

后来研究员陈通贤和孙宏辉多次讨论，终于找到了与"Zero Room"对应的翻译——灵感屋。此外，他们还想了个新名字——算盘室（Abacus Room）。到了投票结束的时间，会议室的名字最终确定，分别是：指南厅、火药库、造纸坊、印刷厂、灵感屋和算盘室。现在想来，这是我们集体智慧的结晶，是我们脑力激荡的结果，也是我们团队精神的演练。

作为领导，我相信架子最不值钱，而点子最值钱，我们需要新的公司管理方式，需要用一种更加平等、更加均衡、更富有创造力的心态来认识、理解和实践领导艺术。

研究院外出开会时有一个集体项目——拱猪，并且规定谁输了，谁就必须钻桌子。我有桥牌的基础，因此牌技还算不错，即便这样，也有摸一手臭牌的时候，输了，我也得钻桌子。

我每年的生日，研究院的同事们都会送一些很别致的礼物。一次，我走进办公室，看见小小的房间里堆满了各种颜色的气球，桌上放着他们送我的礼物——一只很丑很可爱的黑猩猩，猩猩旁边有一张纸条，上面写着："按我的肚子，我就会说话。"我按了一下，听到的是他们的祝福，当然，还夹带着一些嘲笑我的话。有时候，他们还会恶作剧地给我做一条斜挎的缎带，上面写着字，然后逼我戴上照相留念。现在回忆起来，那是一段大家在一起互相开玩笑的快乐时光，总是让我觉得温暖。

我的顽劣童真性格在我当了父亲有了两个女儿之后，依旧没有改变。我还带着她们打恶作剧电话、拍搞笑照片。德亭就曾经用半是开心、半是得意的口吻跟我说："爸爸，你大概是全世界唯一一个会带着小孩打恶作剧电话的爸爸！"但跟家人玩笑开多了，难免会自食其果。在我化疗结束，确定癌细胞已清除干净，要抽取干细胞做冷冻培养的前一天，由于要先在腹股沟置入导管，以备连结血液分离机和收集周边干细胞，二姐、姐夫以及先铃在病房外的客厅等候，局部麻醉后的我则躺在病床上昏睡。模模糊糊间，我大概是感觉到了不对劲，忽然睁眼一看，发现身上红红的一大片，全是血。我立刻惊声尖叫："喷血了、喷血了！ 你们快来啊！"

没想到，没有一个人理我，外面反而传来阵阵笑声，他们一点也不像病人家属。我的血继续汩汩地往外流，裤子和床单都被血浸透了。我用手拼命想按压伤口，叫喊得更大声，也更凄厉：“求求你们，真的喷血了！”

只听见先铃朗声说道：“二姐，我们别理他！他整天瞎搞恶整，一定又是在那里搞恶作剧！”“真的啦！拜托，这回是真的啦！”我又气又急，简直快要哭出来了。大概是我的声音里真的传出了几分恐惧，他们三个齐齐出现在我面前，先铃一看我满身的血，大惊失色，赶忙跑出病房去找人帮忙。二姐和姐夫也慌张地一个去抽卫生纸，一个赶快拿毛巾。医护人员很快赶来了，我的紧张和恐惧感随即松懈下来，趁医护人员还没动手清理，我跟先铃说：“赶快帮我拍照！”先铃瞪了我一眼：“拜托！什么时候了，还拍照啊！”不容分说，医护人员七手八脚地解开我身上的纱布垫，把刚刚装上的导管拆下重装，那个重要的历史镜头就这样错过了。遗憾啊！忙乱一阵，最后只剩一位值班护理师在处理善后。值班护理师一边忙一边问：“听说刚刚李先生叫了半天，也没人理他？”

“是啊！他们好狠哦！只管自己聊天，不管我的死活！”先告状先赢，我赶快把话抢过来。

“谁叫他平时爱开玩笑！”二姐趁机修理我，“放羊的孩子，最后吃亏了吧！”

“就会吓人！谁晓得你是真的还是假的！”先铃也白了我一眼。

我的一场灾难，反而让她们有机会翻出我的一堆旧账，真是天何言哉！天何言哉！不过，既然他们扯开来抱怨了，就让他们抱怨到底吧！反正我也不否认，我从小就是爱捉弄人的捣蛋鬼，这场灾难，算是我自食恶果，真怨不得他们。

不管怎么说，我自己知道，当我在病床上还能够不忘开玩笑、找乐子，我的病就已经好了一大半；至少这意味着从前那个充满幽默感、爱玩爱闹的我已经回来了。

2015 年，我接受了陈文茜小姐的访谈，事后她这样形容我："李开复人生态度里仍隐含着顽劣童真与经过病痛洗礼之后雍然自若的风度。"比起计算机服务器，她算是一针见血地看到了我的真实面目。而且，经过这么一场跟疾病的近身搏斗，我更确定，幽默感是我手上最锋利的宝剑。未来，我大概会把它当成我的贴身护卫吧！ 这表示我将用赏玩的姿态面对所有的挑战。当世间的一切都可以当作我们在人生游乐场上选择的一场游戏时，那我就肯定会开开心心地一路玩到底。

主 题 谈生命价值

不论何时何地，不论处境如何，我都会激励自己不断地创造自己的价值。于是，当我一帆风顺时，我会尽心尽力追随我内心的声音，帮助年轻人圆梦，为社会创造出更大的价值；当我因为生病不得不暂停工作时，我也会听从身体的呼唤，放慢脚步、松开双手，悠然见南山，自在且自觉地看生命将会把我带往何处。

发件人：李开复 ▼

KAI-FU LEE

第十二封信

谈生命价值

很多同学问我，生命的价值是什么？ 人是唯一会寻找意义的动物，青少年时期是脱离依赖、迈向成人的阶段，你们摸索自我、思考生命的价值是有必要的。孔子说过："思而不学则殆。" 如果一直想这个问题，但是不去努力实践也是危险的。关于生命的价值是什么，我其实不能帮你去回答，因为每个人对生命价值的理解是不一样的，这个答案需要你自己去寻找。在找到意义之前，意义就在于寻找意义的过程。

关于生命价值的理解是多样的。我有个朋友认为人活着是为了幸福。他觉得只要你幸福了，那你就是一个充实的人、活得有意义的人。毕竟在现实生活中，注定只能有少数幸运的人拥有权力、地位、财富、鲜花和掌声。但是，这并不意味着只有他们才能够品尝到幸福。事实上，他们中有相当一部分人过得算不上幸福，每个普通人都有权利、也能够拥有自己的幸福。

我的另一个朋友，他小时候便立志为改变人类而努力。结果，他发现自己没有能力做到，就转而为改变自己的国家而努力。但他仍然没有做到，就又改成为自己的城市、为自己的小区、为自己的家庭谋求改变，直到为改变自己而努力。他才认识到，只有从改变自己入手，才能改变家庭，进而改变小区、城市、国家，乃至改变整个人类。努力使自己生活幸福，然后努力感染周围的人，使他们也都感到幸福。这是每个人都可以做的，也是世界上最伟大、最可贵的事情。

我还有一个朋友认为生命的价值是让家人快乐；也有朋友希望创立中国立足世界的国际品牌；我的母亲认为人生的目标是让七个子女都成为良好的世界公民；我的父亲的理想是为历史留下真实的记录……每个人认为的生命的价值是不一样的。

我认为的生命的价值是——最大化我的影响力。我希望当我离开这个世界的时候，世界因为有我而更好。如果两个世界中一个有我，另一个没有我，那么我希望有我的那个世界能够变得更好。这就是我找到生命价值后的感想。

有同学会认为影响力代表的是个人的势力或权力，或要做惊天动地的事情。其实，我所说的影响力与势力或权力毫无关系，只要人的一生对这个世界有些许贡献，就对这个世界产生了影响力。人生在世，如白驹过隙，转瞬即逝，每个人都不想虚度此生，如果在即将离开这个世界的时候，回首往事，心里能够有一种世界因我而更美好的欣慰和自豪，人生就具有了足够的影响力，就是一个有价值的人。

在我选择博士研究方向的时候，我们的院长尼科·海博曼问我读博士的目的是什么。我想都没想，脱口而出："就是在某一个领域做出重要的成果。"但是尼科·海博曼教授否定了我，他告诉我："读博士，就是挑选一个狭窄并重要的领域做研究，毕业的时候交出一篇世界一流的毕业论文，成为这个领域里世界首屈一指的专家。任何人提到这个领域的时候，都会想起你的名字。”

海博曼教授的“做世界某个领域的一流”的观点，让我十分震惊，我从未奢望在 20 多岁时走到某个领域的顶峰，但是这种“要做就要做到最好”的激励，我始终铭记在内心深处。海博曼教授告诉我从卡内基·梅隆大学将要带走的不仅是一份改变世界的、顶尖的博士论文，还有分析和独立思考的能力、研究和发现真理的经验，还有科学家的胸怀。当你某一天不再研究这个领域的时候，你依然能在任何一个新的领域做到最好。他的一番话引起了我深深的思索，也再一次印证了“沉淀下来的才是教育”这句话的意义。学习成绩只是一种表象的结果，而学习能力才是伴随一生的能力。

后来，我博士的研究课题语音识别取得了突破性的进展。我带着我的成果受邀到纽约参加一年一度的世界语音会议，在会议上发表了我的学术成果，我的成果撼动了整个学术领域。这是计算机领域里最顶尖的科学成果了。语音识别率大幅度提高，让全世界的语音研究领域闪烁出一道希望的光芒。会后，《纽约时报》科技版首页的整个半版报道了这次成果。后来，《商业周刊》把我的发明选为“1988 年最重要的科学发明”。年仅 26 岁初出茅庐的我，第一次亮相就获得这样的成功，让我感到很幸运，也让我有了继续向科技高峰攀爬的动力。

1988 年 4 月，我拿到了卡内基·梅隆大学的计算机博士学位，这离我 1983 年入学只有 4 年半的时间。在卡内基·梅隆的计算机学院，同学们平均 6 年以上才能拿到博士学位，我用这么短的时间拿到博士学位，又是一项新的纪录。

后来，我放弃了卡内基·梅隆大学终身教授的铁饭碗职位加入苹果公司，除了做产品是我内心真正想做的事之外，我还有一点考虑是觉得蹲在研究室里写论文不能最大化影响力。

很多年后，经常有记者朋友问起我在苹果公司工作的感受，我想，这6年时光对于我来说是弥足珍贵的，作为我工作过的第一家商业性的公司，苹果给了我足够的空间与很好的机遇去学习和成长。也是在苹果，我完成了从研究到产品的转型，我深深感受到了“用户第一”的重要性。苹果做产品都力求完美，比如说，一个特殊的弹出（eject disk）功能，为了让用户易用，苹果下足了功夫，这种对完美的追求牢牢抓住了用户。在苹果，我看到那些苹果铁杆粉丝们是那么爱他们的产品，就算是在苹果走下坡路的时候，他们依然付出超额的代价去买性价比并不高的苹果产品。这对我以后从事高科技产品的研发工作，有着深深的影响和启发。

我后来加入微软回到北京创办微软中国研究院，带领一批研发人员进行最先进的技术探索，在最前沿的科技中畅游，可以影响更多的人，确实是令我激动的梦想。那时的我，充满激情，我写了七封给年轻人的信，出版了五本书，发过一万多条微博，举行了五百场演讲……一切都是为了给年轻人带来正面的影响。

后来我加入谷歌，是为了学会如何打造顶尖的网络产品；离开谷歌创办创新工场，则是希望用我的专长来帮助年轻人，做出可以产生实际效益的产品……

每项职业成就都为我内心的火苗添加了更多的燃料，它们推动我更努力地工作，我甚至向成千上万的中国年轻人推广这种生活方式。我写下了《做最好的自己》《世界因你不同》等畅销书，到全国各大高校做励志演讲。

中国在经历了几个世纪的贫困后以世界大国的姿态开始复兴，我鼓励同学们抓住时机，在历史上留下自己的印迹。在讲座的最后，我总会用一张醒目的演示图片总结我的墓志铭。我告诉他们，找到自己使命感最好的方法，就是想想自己死后墓碑上会写什么内容。当时我的使命很明确，所以我已经准备好了我的墓志铭：

李开复长眠于此，
他是科学家、企业家，
经过在多家顶尖科技公司的努力工作，
他使复杂的技术
变成人人可用、
人人受益的产品。

这段墓志铭成为演讲的精妙收尾，激起了全国各地年轻人的雄心壮志，也令我感觉非常良好。我很享受成为成千上万名学生的“人生导师”，我相信转型做“导师”能证明自己的无私，更好地表现我乐于助人的一面。离开谷歌、建立创新工场后，我开始花更多的时间指导年轻人。我利用粉丝众多的新浪微博直接与同学们互动，向他们提供指导，并撰写一些公开信。

尽管我仍是知名风险投资基金的创始人，但同学们都称我为“开复老师”，这个称呼饱含敬意也让人感到亲切。我在中国高校的演讲中一直保留着展示墓志铭的环节，只是成为“开复老师”后，我修改了墓志铭的内容：

> 李开复长眠于此。
> 他是热心的教育家，
> 在中国崛起的时代，
> 他通过写作、互联网和演讲
> 帮助了许多年轻学子，
> 他们亲切地称呼他“开复老师”。

对台下认真的年轻听众说这些话，我真的很开心。我觉得这样的墓志铭会是更好的结语，代表了我的影响力，也显示出我随着年龄增长的智慧。从科学家做到工程师，又从高管做到导师，这个过程中我力图将我在世界上的影响力最大化。我始终奋斗不懈，在人生的路上，学到了很多，也得到了很多，但显然我学得还不够，生命还想教我更多的功课。

在我五十二岁生日前不久，我在一次体检中被查出肚子里有数十颗“肿瘤”，经过反复复查，我被医生宣判得了第四期淋巴癌。在毫无防备的情况下，我突然战栗地感受到死神和自己离得那么近；身体在我多年对它的摧残之后，发出最严正的抗议，要我正视它的存在。我无数次问命运，我自问没有做过亏心事，为什么这样的事要发生在我的身上。我气馁、懊悔、内疚，但是，治疗过程中的一件具有转折意义的事件发生了。

我遇到了一个好医生。我的主治医生唐季禄给我打气：“淋巴癌第四期真的没那么严重，它跟肝癌、肺癌第四期是不太一样的。”他告诉我，网络上有两篇专门讨论“滤泡性淋巴癌存活率的预估方式”的论文，如果我有兴趣，可以找出来看看。我认真地研究了唐医生推荐的那些学术文章，发现淋巴癌的分期方式已经有四十多年了，可以说过时且不精准了。如果说只看标准的分类，我因为肿瘤数太多，所以必须归类为第四期。但是只看肿瘤数量是最准确的吗？根据我研究的那几篇论文，答案是——不！其实分期的目的就是预测存活概率和时间。那么，最准确的预测方法就是寻找和我病情足够相似的人，根据他们的不同因素，如年龄、症状、血液指数、肿瘤数量及大小等 20 多种，和他们的实际存活结局来理解哪些因素是最重要的，并且把这些因素整合起来。这样的研究肯定要比四十多年前的粗分类来得准！

自己研究病情，就像是自己坐在副驾驶座上，可以随时掌握路况。医生的治病策略、用药思维，你至少并不是茫然无知。我又拿出以前做学术的精神，把全部 20 几个特征与我的检查结果相对照，发现我虽然属于第四期，但整体状况其实没那么悲观。2009 年意大利摩德纳大学的论文非常明确地证明，与滤泡性淋巴癌真正相关的重要因素为以下几点：

1. β_2-microglobulin（β_2-微球蛋白）过高
2. 有大于 6 厘米的肿瘤
3. 侵入骨髓
4. hemoglobin（血红蛋白）过低
5. 病人超过 60 岁

原来医学上对所有淋巴癌的分期方式，至少对我的病情来说是不正确的，我的情况是较轻的。于是，我突然从“第四期癌症顶多几个月”，变成“至少还有好几年”可以活。倘若好好照顾自己，更有可能终身不再复发！ 这个发现有如一线曙光，从此之后，癌症所带来的一切负面影响，就开始悄悄起了变化，或者说，至少它在我的心里不再是一个万恶不赦、去之而后快的敌人，而是我之所以成为我的一个重要组成部分。从那一夜起，我仿佛吃了定心丸，放下恐惧，打算稳妥地接受一切治疗。因为，我相信自己一定可以从绝境中重生！

在经历非常痛苦和难熬的治疗时，我感受到妻子、亲人对我无微不至的爱。我的头脑终于可以保持清醒，从最初质问生命为什么会让这样的事发生在我的身上，到感恩这场疾病带给了我一份神圣的礼物。我过去在自己的事业发展的道路上飞驰，这场疾病正好可以让我停下来思考生命的价值。以前我活得太努力，孜孜不倦，不敢有丝毫懈怠，这场大病让我明白，生命最重要的成就，其实是把自己内在独特的本质开发出来，我们应该花更多的时间，来挖掘自己内心深处真正想要成为什么样的人，做什么样的事情。否则，努力争取出人头地、唯恐落后、追逐名利的欲望就会像一头野兽一样，霸占我们的灵魂。

我曾经在和大学生的对话中提到：“一个辛勤的农民终其一生留下一亩良田，他一生过得平淡无奇，却实实在在。一个好老师，爱学生如己出，他不一定出名，却可能成为很好的典范……这个世界的进步，包含了多少默默无闻的升斗小民不问回报的付出。只要一个人的一生发挥出了自己的光和热，无论是老师帮助学生，医生、护士帮助病人，还是清洁工维护环境整洁，都是一种贡献；只要一个人曾经帮助过别人，无论是拯救一个人的生命，还是为他人带来欢笑，都是一种帮助。”带着这样的信念，我想，不论何时何地，不论处境如何，我都会激励自己不断地创造自己的价值。于是，当我一帆风顺时，我会尽心尽力追随我内心的声音，帮助年轻人圆梦，为社会创造出更大的价值；当我因为生病不得不暂停工作时，我也会听从身体的呼唤，放慢脚步、松开双手，悠然见南山，自在且自觉地看生命将会把我带往何处。

附 录

工程师的人工智能银河系漫游指南

李开复哥伦比亚大学毕业典礼演讲

2017 届的毕业生们，感谢你们邀请我参与如此盛大的毕业典礼。很荣幸能借此重返我的母校哥伦比亚大学，在一群这么优秀的毕业生、各位的家长、兄弟姐妹及各方嘉宾齐聚的重要场合发表演讲，共享这场毕业盛会的喜悦。

首先，我想对全体毕业生说，我为你们倍感骄傲，祝贺你们学业有成！ 各位的家人也为你们而骄傲，今天所有的欢呼和掌声属于你们！

34 年前，我就坐在你们现在的座位上，那是我人生中最美好的时光。在大学时代，我找到了一生所追寻的专业领域——人工智能，也找到了一生中的最大爱好——桥牌。那时我每周打 30 个小时桥牌，但直到现在，哥伦比亚大学也没给我颁发桥牌学位。在哥大我还找到了自己的初恋，很幸运，她后来成为我的毕生挚爱。当年，在我的毕业典礼上，我有幸聆听了科幻小说巨匠艾萨克·阿西莫夫的致辞。

很抱歉，今天你们只能听我演讲。

不管怎样，我在哥伦比亚大学度过了人生最美好的时光。你们也许会觉得，我或其他毕业演讲者都会说“这些年也是你们人生中最美好的时光”，而我并不打算这么说。

我知道这些年远非你们的人生巅峰，因为最精彩的日子尚未到来。与其寄语今朝，不如展望未来：我相信，未来 10 年才会是你们最好的人生。

为什么是 10 年？ 10 年听起来有些遥远，但其实并非如此。如果我们一起回顾 2007 年 5 月的光景，你会猛地发现过去这 10 年内，我们的世界已经发生了巨大的改变。

大家一定还记得 2007 年，史蒂夫·乔布斯发布了 iPhone 手机吧？那时，我还在使用黑莓手机，我的太太依然用她的诺基亚手机。

也是在 2007 年，年轻的参议员贝拉克·奥巴马决定竞选美国总统；而那时的唐纳德·特朗普经常喊的是“你被解雇了”，而不是“让美国再度伟大”。

所以，10 年时间足以使人类生活发生重大改变。我认为，未来的 10 年将会比过去的 10 年更让我们瞠目结舌。因为未来 10 年是人工智能的时代，是 AI 来临的时代。

作为工程学院的学生，你们应该发现人工智能课程的选课人数从 80 人跃升至 800 人，这一指标清晰地告诉我们，人工智能正在蓬勃兴起。

1980 年，我在哥伦比亚大学初识人工智能。37 年来，我一直在人工智能领域从事研究、开发、投资相关的工作。我可以相对自信地预测，未来的人工智能革命在规模上将与工业革命旗鼓相当，甚至有可能带来远比工业革命更快速、更巨大的变革。

我在申请博士时的个人陈述信中写道：“人工智能是对人类学习过

程的阐释，人类思维过程的量化，人类行为的澄清，以及对人的智力的理解。”

我所说的不是未来学家关于人工智能不切实际的预测，这是一场工程师与工程师的对话。身为工程师，我们了解人工智能如何运作，随着数据和使用量的增加，人工智能会如何迭代精进，我们也清楚，如何合理估算人工智能在未来 10 年会带来的影响。

首先，我们来看看今天的人工智能可以做到什么。

今天，我投资的一家人工智能图像处理公司可以利用他们的产品技术让每个人的自拍变得更加漂亮。这家公司的产品已经成为了一种流行风尚，我认识的每个中国电影明星都绝不会允许自己的照片未经该产品美化就轻易发布。这个产品的用户基数有多大？ 13 亿！

今天，我投资的一家人工智能信贷公司能够在数秒内完成每笔贷款审批，其坏账率远低于一名信贷人员需要数日才能审核完的传统烦琐贷款申请。这家公司成立不到 2 年时间，今年预估就能发放约三千万笔贷款，几乎超过任何一家我所知的传统银行。

今天，我投资的一家人工智能人脸识别公司，他们的产品能够在 300 万张人脸中识别出任意一张面孔，精准度远超人类。如果将这款软件安装到世界各地的机场，基本上就能阻止已知的恐怖分子或通缉犯登上任何一架民航客机。

以上三家人工智能公司目前的总估值接近 100 亿美元。这个数值与未来 10 年人工智能即将创造出的巨大产业价值相比，只能算是些零头小钱。

未来 10 年，所有的金融企业都将发生天翻地覆的变化，因为人工智能将取代交易员、银行职员、会计师、分析员和保险经纪人。去年，我尝试采用智能投资算法获得了比我的私人理财顾问高八倍的收益——这提醒我，回家后就可以把这位私人理财顾问给辞退了。

未来10年，人工智能将替代大多数工厂工人、助理、顾问和中介。但人工智能也不局限于简单工作，人工智能还会替代部分新闻记者、医生和教师。你的人工智能助理将比你更了解你今晚想吃什么，你该去哪里度假，你想跟谁约会。

还有更多，10年后机械化的人工智能将会变得稳定可靠。人工智能运用在自动驾驶方面将比人类驾驶更加安全。今天还比较初级的家用Roomba扫地机器人未来会让我们刮目相看：机器人将学会做饭、洗衣服、做保洁，帮助人类分担所有繁重的家务劳动。

10年后，我们将进入一个富足的丰产时代，因为人工智能可以为人类创造巨大的价值，帮助我们消除贫穷和饥饿。我们每个人也将获得更多的时间和自由，来做我们爱做的事情。

10年后，我们也将进入一个焦虑的迷惘时代，因为人工智能将取代人类一半的工作，很多人将因为失业、得不到自我实现而陷入沮丧。到那时，你们当中很多人将成为家长，也必然会考虑该如何提升孩子们的教育，才能避免他们被人工智能取代。

以上预测并不是基于人类神经元数量与机器仿真的神经元数量之间的简单对比，相反，我的预测是一个工程师根据现有算法、市场供需情况、劳动力信息等方面所演绎出来的推论。

在创新工场，我们已经募集超过10亿美元的资金用于投资人工智能，日本软银更是启动了1000亿美元的愿景基金。发展超过四五十年的

IBM、微软、近代的谷歌、Facebook 等科技巨头，都相继宣布自己是人工智能公司。就算你怀疑我的预言，你大概不好怀疑这些科技巨头。

所以，对于你们这些站在科技前沿、绝顶聪明的工程师而言，2027 年将成为你们人生的巅峰。万一你不慎错过了这场人工智能革命，未来 10 年也可能落入你人生最低谷的惨况。

那么，如何才能不错过人工智能时代，确保你向人生巅峰而行呢？我提出以下三个建议：

1. 拥抱必将到来的人工智能

把你的职业选择对准人工智能赛道，面对所有的重大变革与机遇，你们首先需要用开放的心态来迎接人工智能。对变革有所畏惧绝对正常，正如马克·吐温所说："勇气来自抵抗恐惧并战胜恐惧，而不是来自没有恐惧。"

你们过往的努力可以帮助你们坦然面对、欣然接纳或热情拥抱未来的改变——这些改变将推动你找到新的人生方向。

面对未来，你们必须要选择热情拥抱人工智能。即便你所在领域的第一个人工智能工具看上去是那么脆弱不堪，相信我，只要有更多的数据，它们很快就能进步。

刚才我提到的三家软件公司，他们的第一代产品确实状况百出，自拍美化功能反而把好多人的脸蛋给变丑了，贷款判断不准也曾造成数百万元的损失，图像辨识我的脸居然把我误判为某脱口秀主持人。但假以时日，当人工智能处理越来越多的数据后，人工智能的自我学习能力就能让这些产品在特定领域的能力远远超越人类。人工智能算法还不只是超过人类这么简单，它们不会疲倦，不会抱怨，不会罢工，人工智能还具有无穷的规模化潜力。

况且，伴随着硬件、软件和网络带宽成本的下降，人工智能的成本几乎就是电费了。所以，不管你选择什么工作领域，首先要使用人工智能工具。如果你是软件工程师，你可以用人工智能工具来检查和完善代码，找到可复用的代码，甚至用 AI 来写代码。组建团队时，用人工智能工具来招聘和挑选人才。如果你准备创业，可以用人工智能工具来管理订单并优化获利，也可以用人工智能工具来替代客服和销售人员。你可以用机器人来制造产品，使用自动驾驶车辆来配送商品。

人类与人工智能协作的结果是“1+1=3”。举例来说，如果一个医生能正确诊断癌症，并能在 100 个患者中拯救 70 个生命，而一个早期人工智能工具可以在 100 个患者中拯救 60 个生命。将医生与人工智能结合后，也许他们就能拯救 80 个生命。而且，当人工智能工具优化到能够拯救 80 个生命时，将人工智能与医生结合，或许就能够拯救 90 个生命。

所以，不要被动地接受人工智能，而应积极地拥抱人工智能，探索人工智能的可能，找到人工智能为你创造价值的所有可行性。你们要学会使用人工智能，更快、更聪明地构建人类与人工智能间的协作关系。你们会像第一个使用文字处理软件的记者，或第一个使用电子表格软件的会计师，或第一个使用 Photoshop 图像处理软件的摄影师一样，获得巨大的收益。此外，与传统软件工具相比，人工智能的进化速度快得多，应用范围广得多，只有作为积极拥抱的引领者，你在人工智能工具的领先地位才得以巩固并增长。

2. 肩负起工程师的使命

众所周知，数百上千年以来，医生们遵循着希波克拉底誓词，承担着救死扶伤的神圣使命。在人工智能时代，我认为工程师的使命同样神圣，甚至更加沉重。

为什么这样说？因为在人工智能时代，作为毕业于顶级学府的顶尖工程师，你们拥有巨大的权力。请不要忘记世界上最伟大的“哲学家”蜘蛛侠的那句名言：“权力越大，责任越重。”

在人工智能时代，自动或半自动的算法可以负责投资决策、照看儿童、驾驶汽车、完成医疗手术。未来的人工智能产品将直接影响人们的财产、健康甚至生命，而你们就是这些产品的设计者、制造者。

作为工程师，我们不能背弃我们的道德和责任，我们需要在方方面面都做到严谨、勤勉、遵守道德。这不仅仅指架构和编码，还包含设计、测试、训练机器学习模型以及下载更新的参数，等等。

第一代安全气囊拯救了许多人的生命，但同时由于设计和使用说明不完善，没有充分考虑到儿童娇小的体形，也意外地导致了一些儿童的死亡。

所以你们的首要使命是对你们的用户负责，确保你们的产品安全、周密、有用。应该说不仅仅是产品安全，你们还有绝对的责任去预见和防止潜在的技术失控对人类带来的威胁。所以请大声地对“自动杀人机器”以及“用户隐私数据交易”说不！

你们的第二层使命是对自己负责，在人工智能时代，你不仅仅是与其他人竞争，你还在和人工智能竞争。你有责任优先解决疑难问题，而不是把你的时间浪费在机器就能胜任的事务上。不要选择一份对你毫无挑战性的工作，无论在哪个领域，你都勇于冒险、勤于学习。只有这样，你才能成为最独特和最有价值的人类成员。要坚持创新和创造——人工智能的优势在于优化，而非从零创新。

各位的最后一项使命是作为工程师，用你们的选择让这个世界更加美好：选择拯救生命，而非残害生命；选择激励他人，而非打压别人；选择在富有同情心、不贪婪的机构工作；选择心怀世界和平而非妄图主宰世界的雇主。

3. 追随我心

谈了这么多严肃的技术话题，我接下来要说的观点可能在这儿听起来有些不恰当，但却是我的肺腑之言。

在我 52 岁时，我被诊断患上淋巴癌第四期，当时我面对的无情事实是：我的生命可能就只剩下短短几个月。

在那段前路未卜的时期，我对生命的意义深思良多。我意识到我所有的成就，包括在等待 30 多年后终于来到的人工智能时代，对我来说其实毫无意义。

我意识到我过去所追求的科技、产品、投资、事业，我重视的各种事情的优先级完全本末倒置。我忽视了我的家庭，我父亲去世了，我母亲已几乎不认得我，我的孩子们也不知不觉都长大了。

在治疗期间，我读了布朗妮·维尔的一本书，书中记录了临终病人一生中最后悔的事情。作者提到，没有一个人会为当年不够认真工作、不够努力加班、财产积攒不足而后悔，人们临终时最最盼望的，是希望能再有机会花更多时间与自己所爱的人在一起。

幸运的是，目前我的病情已缓解稳定，所以今天我才能来到哥大和你们在一起。如今，我会花更多的时间陪伴家人，我把家搬到了离我母亲更近的住处。无论是出差还是单纯出游，我都会尽量和我的妻子一起出行。

孩子们回家时，我会从工作中抽出两三周而不仅是两三天的时间来陪伴他们。

我同时还花更多的时间来认识新朋友，我会用周末时间与好朋友出游，我带领公司员工去硅谷度了一周的假期——硅谷对他们来说犹如圣地一般，我约见社群平台上向我提问的年轻人，我联系多年前我曾经冒犯过的人，请求他们的谅解。我写了一本书并拍摄纪录片，分享我与死神擦肩而过所学到的一切。

这段直面死亡的经历不仅改变了我的人生观和价值观，还让我更清晰地认识到人工智能对于人类的真正意义。

埃隆·马斯克和史蒂芬·霍金已经给出了他们的观点，他们认为机器将全面取代人类，而人类仅存的选择是：要么控制 AI，要么成为 AI。这段直面死亡的经历，让我想对人工智能的未来提出另一版结局。

毫无疑问，人工智能凭借精准的决策和产出，在很多分析型工作上已经或必将超过人类。但人类并不是因为会做这些工作而成为人类，我们之所以为人类，是因为我们拥有爱的能力。

带着这个信念，我们就会知道接下来该怎么做。

首先我们应认可并感恩我们被爱的事实，我们可以回馈他人的爱，甚至加入更多的爱。最终达到爱的最高境界：不断将爱传递下去，不求回报地去爱。

回到人工智能的话题，爱让人类有别于人工智能。不要相信科幻电影里描绘的人工智能的爱或感情，我可以负责任地告诉你们，人工智能不会有爱，它们甚至没有感情和自我意识。AlphaGo 虽然能击败人类围棋冠军，但是它体验不到手谈的乐趣，胜利不会为它带来愉悦感，也不会让它激动到产生想要拥抱一位他爱的人的渴望。

在未来，即便人工智能诊疗的准确率是人类医生的 10 倍，但是我们还是不希望从机器冷冰冰的话语里听到“您患有第四期淋巴癌，有 70% 的概率会在五年内死亡”。我们更希望得到医生的关爱，他们会倾听我们的抱怨，为我们打气，他们会说：“李开复也得了同样的淋巴癌，但经过治疗后稳定下来，所以你也要保持希望。”医生可能来到家里定期出诊，我们随时能与医生沟通交流。这些医生的关爱会让我们感到舒坦，给我们更大的信心，这种安慰剂效应的确可能有助于提升康复概率。

此前提到的失业问题不就这么缓解了吗？

这种“关爱型医生”的数量将超出现有医生的数量。被机器取代的人可以投身于需要关爱及经验分享的行业——例如，做一名热情洋溢的导游、充满关爱的礼宾人员、风趣幽默的调酒师和极具魅力的寿司大厨等。随着各类“关爱专家”头衔的出现，很多新兴服务业的工作岗位也将被创造出来。这些工作不一定非要是传统意义上的工作，也可能是孤儿院或养老院提供服务的志愿者的工作。

这些工作不但能带给人们自我实现的自豪感和满足感，更重要的是，它们能让我们的地球充满爱与快乐。

人类已制造出许多以任务为导向的人工智能，在每个具体任务上它们的表现远超人脑，这正是我 37 年前的梦想。作为一个计算机科学家，我为我们所取得的科技进步成就而自豪。但我现在觉得，自己也许追逐错了方向——人类最重要的器官，不是大脑，而是心。

我承认，我花了太长的时间才认识到这一点。

我对你们的期望是，随着你们的事业开始腾飞，人生开始步入新的阶段，你们在实现人生目标的过程中不仅要利用你们聪慧的大脑，更要遵从你们的内心。

未来的重任落在你们的肩头。我相信，无论未来如何改变，只要遵从内心的指引，下一个 10 年必将成为你们人生中最辉煌灿烂的 10 年！

感谢你们，2017 届毕业生。

给女儿的一封信

亲爱的女儿：

当我们开车驶出哥伦比亚大学的时候，我想写一封信给你，告诉你盘旋在我脑中的想法。

首先，我想告诉你我们为你感到特别骄傲。进入哥伦比亚大学证明你是一个全面发展的优秀学生，你的学业、艺术发展和社交技能最近都有卓越的表现，无论是你高中获得的微积分第一名的成绩、时尚的设计、绘制的球鞋，还是在“模拟联合国”的演说，你毫无疑问已经是一个多才多艺的女孩。你的父母为你感到骄傲，你也应该像我们一样为自己感到自豪。

我会永远记得第一次将你抱在臂弯的那一刻的感觉，一种新鲜激动的感觉瞬间触动了我的心，那是一种永远让我陶醉的感觉，就是那种将我们的一生都联结在一起的“父女情结”。

我也常常想起我唱着催眠曲轻摇你入睡，当我把你放下的时候，常常觉得既解脱又惋惜，一方面我想，她终于睡着了；另一方面，我又多么希望自己可以多抱你一会儿。我还记得带你到运动场，看着你玩得那么开心，你是那样可爱，所有人都非常爱你。

你不但长得可爱，而且是个特别乖巧的孩子。你从不吵闹、为人着想，既听话又有礼貌。当你三岁我们建房子的时候，每个周末十多个小时你都静静地跟着我们去运建筑材料，三餐在车上吃着汉堡，唱着儿歌，唱累了就睡觉，一点都不娇气不抱怨。你去上周日的中文学习班时，尽管一点也不觉得有趣，却依然很努力。我们做父母的能有你这样的女儿真的感到非常幸运。

你也是个很好的姐姐。虽然你们姐妹以前也会打架，但是长大后，你们真的成为了好朋友。妹妹很爱你，很喜欢逗你笑，她把你当成她的榜样看待。我们开车离开哥大后，她非常想你，我知道你也很想她。世界上最宝贵的就是家人。和父母一样，妹妹是你最可以信任的人。随着年龄的增长，你们姐妹之间的情谊不变，你们互相照应，彼此关心，这就是我最希望见到的事情了。在你的大学四年里，你有空时一定要常常跟妹妹视频聊聊天，写写电子邮件。

大学将是你人生重要的时光，在大学里你会发现学习的真谛。你以前经常会问到“这个课程有什么用”，这是个好问题，但是我希望你理解“教育的真谛就是当你忘记一切所学到的东西之后所剩下的东西”。我的意思是，最重要的不是你学到的具体的知识，而是你学习新事物和解决新问题的能力。这才是大学学习的真正意义——这将是你从被动学习转向自主学习的阶段，之后你会变成一个很好的自学者。所以，即便你所学的不是生活里所急需的，也要认真看待大学里的每一门功课，就算学习的技能你会忘记，学习的能力是你将受用终身的。

不要被教条所束缚，任何问题都没有唯一的简单的答案。还记得当我帮助你高中的辩论课程时，我总是让你站在你不认可的那一方来辩论吗？我这么做的理由就是希望你能够理解：看待一个问题不应该非黑即白，而是有很多方法和角度。当你意识到这点的时候，你就会成为一个很好的解决问题者。这就是批判的思维——你的一生都会需要的最重要的思考方式，这也意味着你还需要包容和支持不同于你的其他观点。我永远记得我去找我的博士导师提出了一个新论题，他告诉我："我不同意你，但我支持你。"多年后，我认识到这不仅仅是包容，而是一种批判式思考，更是令人折服的领导风格，现在这也变成了我的一部分。我希望这也能成为你的一部分。

在大学里你要追随自己的激情和兴趣，选你感兴趣的课程，不要困扰于别人怎么说或怎么想。史蒂夫·乔布斯曾经说过，在大学里你的热情会创造出很多点，在你随后的生命中你会把这些点串联起来。在他著名的斯坦福毕业典礼演讲中，他举了一个很好的例子：他在大学里修了看似毫无用处的书法，而十年后，这成了苹果 Macintosh 里漂亮字库的基础，而因为 Macintosh 有这么好的字库，才带来了桌面出版和今天的办公软件（如微软 Office）。他对书法的探索就是一个点，而苹果 Macintosh 把多个点联结成了一条线。所以不要太担心将来你要做什么样的工作，也不要太急功近利。如果你喜欢日语或韩语，就去学吧，尽管你的爸爸曾说过那没什么用。尽兴地选择你的点吧，要有信念，当有一天机缘来临时，你会找到自己的人生使命，画出一条美丽的曲线。

在功课上要尽力，但不要给自己太多压力。你妈妈和我在成绩上对你没什么要求，只要你能顺利毕业并在这四年里学到了些东西，我们就会很高兴了。即便你毕业时没有获得优异的成绩，你的哥伦比亚学位也将带你走得很远，所以别给自己压力。

在你高中生活的最后几个月，因为压力比较小，大学申请也结束了，你过得很开心。但是在最近的几个星期，你好像开始紧张起来。你注意到你紧张时会咬指甲吗？千万别担心，最重要的是你在学习，你需要的唯一的衡量是你的努力程度。成绩只不过是虚荣的人用以吹嘘和慵懒的人所恐惧的无聊数字而已，而你既不虚荣也不慵懒。

在大学里你要交一些朋友，快乐生活。大学的朋友往往是生命中最好的朋友，因为在大学里你和朋友能够近距离交往。另外，在一块儿成长，一起独立，你们很自然地就会紧紧地系在一起，成为密友。你应该挑选一些真诚的朋友，跟他们亲近，别在乎他们的爱好、成绩、外表甚至性格。你在高中的最后两年已经交到了一些真正的朋友，所以尽可以相信自己的直觉，再交一些新朋友吧。你是一个真诚的人，任何人都会喜欢跟你做朋友的，所以要自信、外向、主动一点。如果你喜欢一个人，就告诉她，就算她拒绝了，你也没有损失什么。以最大的善意去对人，不要有成见，要宽容。人无完人，只要他们很真诚，就信任他们，对他们友善。他们将给你相同的回报，这是我成功的秘密——我以诚待人，信任他人（除非他们做了失信于我的事）。有人告诉我这样有时会被别人占便宜，他们是对的，但是我可以告诉你：以诚待人让我得到的远远超过我失去的。

在我做管理的 18 年里，我学到一件很重要的事——要想得到他人的信任和尊重，只有先去信任和尊重他人。无论是管理、工作、交友，这点都值得你参考。

要和你高中时代的朋友保持联系，但是不要用他们来取代大学的友谊，也不要把全部的时间都花在老朋友身上，因为那样你就会失去交新朋友的机会了。

你还要早点开始规划你的暑假——你想做什么？你想待在哪儿？你想学点什么？你在大学里学习是否会让你有新的打算？我觉得你学习艺术设计的计划很不错，你应该想好你该去哪儿学习相应的课程。我们当然希望你回到北京，但是最终的决定你自己做。

不管是暑假计划、功课规划，抑或是选专业、管理时间，你都应该负责你的人生。过去不管是申请学校、设计课外活动或者选择最初的课程，我都从旁帮助了你不少。以后，我仍然会一直站你身旁，但是现在是你自己掌舵的时候了。我常常记起我生命中那些令人振奋的时刻——决定幼儿园时跳级，决定转到计算机科学专业，决定离开学术界选择 Apple，决定回中国，决定选择谷歌，乃至最近选择创办我的新公司，有能力进行选择意味着你会过上自己想要的生活。生命太短暂了，你不能过别人想要你过的生活。掌控自己的生命是很棒的感觉，试试吧，你会爱上它的！

我告诉你妈妈我在写这封信，问她有什么想对你说的，她想了想说"让她好好照顾自己"，很简单却饱含真切的关心——这一向是你深爱的妈妈的特点。这短短的一句话，是她想提醒你很多事情，比如要记得自己按时吃药，好好睡觉，保持健康的饮食，适量运动，不舒服的时候要去看医生，等等。

中国有句古语说"身体发肤，受之父母，不敢毁伤，孝之始也"。这句话的意思用比较新的方法诠释就是：父母最爱的就是你，所以照顾好自己就是最好的孝顺的方法。当你成为母亲的那天，你就会理解这些。在那天之前，听妈妈的，你一定要好好照顾自己。

大学是你自由时间最多的四年；

大学是你第一次学会独立的四年；

大学是可塑性最强的四年；

大学是犯错代价最低的四年。

所以，珍惜你的大学时光吧，好好利用你的空闲时间，成为掌握自己命运的独立思考者，发展自己多元化的才能，大胆地去尝试，通过不断的成功和挑战来学习和成长，成为融汇中西的人才。

当我在2005年面对人生最大的挑战时，你给了我大大的拥抱，还跟我说了一句法语“Bonne Chance”。这句话代表“祝你勇敢，祝你好运”，现在，我也想跟你说同样的话——Bonne Chance，我的天使和公主，希望在哥伦比亚的四年成为你一生中最快乐的四年，希望你成为你梦想成为的人！

爱你的，

爸爸（和妈妈）

母亲给我的十件礼物

端午节后的一个阴雨天，我在台北市和平医院的病房里，陪了母亲一整个下午。那时她已经很虚弱了，我当时的奢望就是母亲能睁开眼睛，看我们一眼。

那天母亲并没有睁开眼睛。傍晚我亲吻她的额头，离开房间后，她说了一句话："他不回来了。"我很不解：我怎么会不回来呢？没想到真的一语成谶，那竟是我和母亲的最后一面。

虽然妈妈已在医院数月，大家都知道康复希望不大，但接到妈妈过世的消息时，我还是无法相信。我再也见不到最爱的妈妈，再也不能和她踢球、打牌，再也不能帮她抓痒，再也不能握着她暖暖的手，亲她皱皱的脸，问她我叫什么名字了。

母亲对我一生的影响，无法用言语描述。对于母亲，我充满感谢、感恩和感动。我用这篇文章感谢母亲赠与我的十件礼物。这十件礼物，塑造了我的性格，建立了我的自信，奠定了我的基础，教导了我如何做人，如何教育孩子，更留下了我一生最温馨难忘的回忆。这十件礼物，任何一件都足够改写我的一生。

1. 完整的家庭

母亲年轻时的经历像是一部跌宕起伏的历险记。12 岁时她只身从东北流亡到北京，6 年后考进上海东南体育专科学校，南下独自闯荡大上海。在体专时，她曾经是全国顶尖的低栏健将，拿过全国短跑第二。1939 年，和父亲相恋一年结婚后，母亲随父亲回到四川。

10 年后，父亲远走台湾，母亲带着一儿四女留在四川，独自一人挑起生活的重担，独自抚养五个孩子，忍受对亲人的思念，承受各种压力。

1950 年初，坚强的母亲决定结束这种分离的生活，她辗转得到一张探亲的“通行证”。一家人立即乘火车从成都到达重庆，经过一个星期的等待，才千辛万苦地从重庆到达广州。

这只是千山万水跋涉的一个插曲。全家到达广州以后，下一步是要想办法去“近在眼前，却远在天边”的香港。当时很难找到愿意去香港的船只，更何况是对于拉扯 5 个孩子的母亲。因此，母亲在到达广州后，在广州滞留长达几个月，好不容易才到达香港，辗转赴台。

我们这一大家子能在台湾团圆，在当年几乎是绝无仅有的，之后在台北又添了五姐开敏和我。这一切都要感谢母亲坚韧的个性和过人的胆识，让这充满爱的家庭能够延续。这也让我每每遇到困难，总会抱着坚定信念放手一搏，因为我的基因里有一种物质源自母亲——坚持。

2. 我的生命

50 多年前的三月，微风中带着丝丝春意。但在我家那栋小房子里，全家人都显得十分紧张，因为母亲在 40 多岁高龄孕育了我，大家都担心高龄生产不安全。

母亲的好朋友劝她：“不要冒险，还是拿掉吧。”

又有人说："生出来的宝宝可能会身体弱。"

还有人说："科学界研究过，高龄孕育的宝宝，低能的概率要大一些。"

但是，执拗和冒险的天性这时候在母亲的身上再次表现出来。母亲坚定地说："我要这个孩子。"

有了母亲这句信心十足的话，我终于可以平安地降临到这个世界上。

1961 年 12 月 3 日，一个婴儿呱呱坠地。这就是我。

母亲后来对我说，她当时就是有一种信念，我会是个非常聪明健康的孩子，她才不顾一切地将我生了下来。

我现在觉得，相对于别的母亲给予孩子生命，我的母亲孕育我的过程则拥有更多的未知和变量，这对母亲身体的考验也更大，这个过程充满了生命的奇迹和坚韧的味道。

母亲的自信和勇气给了我最宝贵的礼物——我的生命。

3. 最细腻的照顾

母亲的一生在我身上付出得最多。她高龄得子，对我视若珍宝。为了养育我、栽培我，她用尽了所有的心思和情感。

比如，她因为高龄生产，奶水不足，为了给我提供足够的营养，她每天强迫自己喝下好几碗花生炖猪蹄汤。两年后，我健康地长大了，她的体形却再也无法恢复过去那般纤细苗条。

上小学时，我就读的及人小学离家有五六千米。虽然每天有校车接送，但母亲为了让我每天早晨可以多睡一会儿，她会亲自接送我，风雨无阻。每次放学看到母亲，我都会高兴得飞奔过去，把学校里发生的大大小小的事情与她分享。有一次我告诉她老师病了，没来上课。第二天，细心的母亲竟然亲自煲了一锅鸡汤送到老师家里。

母亲是个非常棒的厨师，在做饭方面有很多“独家秘籍”。那时候，我们的经典对话是——

“弟弟，今天晚上吃什么啊？”

“红油水饺吧。”

“好啊，那你要吃多少个啊？”

“40个！”

吃完40个饺子后，她会说：“好了好了，别吃了！”

而我总是边吃边说：“不嘛，我再吃一口‘下桌菜’。”

“下桌菜”因此成为了我们家的“专有名词”。因为妈妈提供的无限美味，我的体重总是全班第一。

1972年开始，母亲为了照顾我，每年会抽出半年时间到美国陪我念书。母亲是个社交生活非常活跃的人，在台湾的朋友非常多。但是几十年前的美国没有这么多华人，完全不懂英文又不会开车的她到了美国，就只能整天待在屋子里。哥哥、嫂嫂、外甥和我每天出门工作、上学，就剩母亲一个人在家里呆坐，没有人可以说话。

那时候母亲唯一的休闲就是看一档猜价格的节目，猜一罐玉米的价格是多少，一个杯子又是几块钱。她其实一句英文都听不懂，只能凭节目效果判断谁猜对了，谁猜错了。有的时候她会说：“这个人长得蛮帅的，我希望他赢；这个人看起来眼光不善，我希望他输。”

我们几乎无法想象一个人怎么会在五十多岁时，跑到一个语言完全不通的国度，放弃朋友圈，放弃每天有人帮佣、不用做家务的生活，过上了每天自己要烧菜的日子，每天唯一的寄托就是儿子放学回来和她说说话。无论承受多少孤独，母亲见到我永远是笑眯眯的，在我遇到挫折时永远会鼓励我。从我 11 岁出国一直到 19 岁，年年如此。

4. 快乐和幽默

我从小就是一个特别顽皮的孩子。和许多母亲严厉管教的做法相反，妈妈不但容忍我的调皮，还能保持童心，成为我的玩伴，用她独有的幽默方式化解我的顽劣，引导我成长。

比如，我小时候特别好动，一刻钟也坐不住，理发成了大难题。妈妈不会斥责我，强求我乖乖坐着，而是带着三姐到理发店，借用店里的剪刀、刮胡刀、毛巾，演“木偶戏”给我看。这样我居然能坐定半个小时，直到把头发理完。

在学校上课时，我的话也特别多。有一次，我竟然被忍无可忍的老师用胶带贴住了嘴。而那时母亲正好赶来接我，撞了个正着，好尴尬！

事实上，我的调皮应该遗传自母亲。父亲不苟言笑，但母亲却常常和我们打成一片。有一次，哥哥和母亲两个人玩水战，弄得全家都是水。最后，母亲躲在楼上，看到楼下哥哥走过，就把一盆水全倒在他头上。

我想，只有像母亲那样拥有一颗年轻的心，才会容忍甚至欣赏孩子的调皮、淘气。我们每个孩子和这样的母亲都没有什么距离感。这么多年来，母亲一直和我们打成一片，我们和母亲的感情也和别的母子的不一样：她不但是我们的好妈妈，也是我们的好玩伴。

5. 勤奋努力

妈妈虽然对我的淘气行为姑息，但凡事一旦和我的学习、成长、未来相关，母亲就会特别重视，会对我提出非常高的要求。她总是要求我，只要开始做一件事，就一定要做到最好，在这方面，没有通融的余地。

母亲对我的学习成绩抓得很紧：考得好我就会收到礼物，考得不好则会有警告，甚至挨板子打。每逢遇到背书，母亲就会亲自监督，要求我把书本全部背诵下来，而且要一字不错，有一处错了，母亲就会挥手把书摔到别的房间，让我捡回来。有时候，母亲还会用竹尺打手心来惩罚我，有一回甚至把尺子都给打断了。

为了每次都能拿到第一名，我有一段时间每天五点起床读书。每次都是母亲催我起床。

感谢我的“严母”，我成为了一个勤奋的人。

6. 自信和自主

小时候，母亲总是告诉我：“你应该成功，将来有一天你一定会成功。”

小时候渴望长大。去幼儿园没多久我就腻了，我跑回家，跟家里人说：“我不上幼儿园了行不行？我要上小学。”

母亲问我：“怎么了，幼儿园里不好吗？”

“太无聊了，整天就是唱歌、吃东西，老师教的东西也太简单了。”

“你才五岁，再读一年幼儿园就可以读小学了。”

大部分的父母都会认为这是孩子胡闹，但是母亲处理的方法与众不同。她跟我商量：“下个月私立小学有入学考试。如果你的能力不够，你就没法通过入学考试；如果你通过了考试，就表明你有能力，那就让你去读小学。”

于是我就请母亲帮我报名，然后努力学习，努力准备。

发榜那天，母亲陪我去学校，一下子就看到“李开复”三个字在第一名的位置闪亮。

母亲激动得像个孩子一样地叫起来：“哎呀，第一个就是李开复，你考上了！”

我也激动地跳起来，抱住母亲哇哇大叫。

那一刻，母亲脸上无法掩饰的兴奋和自豪即便是过了几十年我也不会忘记。从母亲的表情中我才知道，自己一丁点的小成功就可以让母亲那么地骄傲。同时，这件事也让我懂得，只要大胆尝试，积极进取，就有机会得到我期望中的成功。感谢母亲给了我机会，去实现我人生中的第一次尝试和跨越。

在中国，父母对孩子的关爱特别深，生怕孩子受一点伤害，不愿让孩子冒险尝试与众不同的东西。其实孩子从小就需要独立性、责任心、选择能力和判断力。很庆幸的是，在我 5 岁的时候，我的父母就把选择权交给了我，让我成为了自己的主人。

7. 谦虚诚信

跳级考入小学后，我不免有些骄傲。每次父母亲的朋友来家里，我都要偷偷告诉他们我有多聪明、多厉害。

“阿姨，我已经读小学了！”

“真的，你不是才 5 岁吗？”

“对啊，我跳级考进去的，还是第一名呢！”

“那进去以后的成绩呢？”

“除了 100 分，我连 99 分都没见过呢！”

没想到，我刚夸下海口，第二个星期考试就得了个 90 分 。看到考卷，妈妈二话不说，拿出竹板，就把我打了一顿。

我哭着问：“我的成绩还不错，为什么要打我？”

“打你是因为你骄傲。你说‘连 99 分都没见过’，那你就给我每次考 100 分看看！”

"我知道错了，以后我会好好学习的。"

"不止要好好学习，还要改掉骄傲的毛病。自夸是要不得的，谦虚是中国人的美德，懂了吗？"

"知道了，妈妈还生气吗？"

"不生了，要不要躺在我怀里看书？"

妈妈的气总是来得快，去得也快。我想，她这么爱她的孩子，是没有办法长时间生孩子们的气的。当然，这一次的教训我也会永远记得——谦虚是中国人的美德。类似的，母亲总是能抓住每一个教育的好时机，让我懂得做人的道理。

在学校我的功课虽然很好，但偶尔也会出状况。

有一次，我考得并不好，揣着考卷心里很害怕，我甚至能看见母亲举起竹板打我的样子。突然，一个念头蹦了出来：为什么不把分数改掉呢？说改就改，我掏出红笔，小心翼翼地描了几下，"78"变成了"98"。到了家门口，我又掏出卷子来看了一下，确保万无一失，才轻手轻脚地走进去。母亲注意到我回来了，叫住我："试卷发下来了么？多少分？"

"98。"

母亲接过卷子，我心里扑腾扑腾地跳起来，生怕母亲看出了修改的痕迹。但她只是摸了下我的脑袋说："快去做作业吧。"

这种事情有了第一次就会有第二次。

当我再次涂改考砸了的成绩时，手一哆嗦，分数被我拖了一个长长的尾巴。这下糟了！欺骗了母亲，这是她绝对不能容忍的。我心一横，把试卷扔到了水沟里。

但回家后，母亲并没有问起分数。提心吊胆了几天之后，我终于憋不住了，跑到母亲面前，向她承认了错误。我以为母亲会狠狠打我一顿，但母亲只说了一句话："我都知道了，你能知错认错就好。希望你以后做个诚实的孩子。"

母亲的宽容和教诲直到今天我都记忆犹新。是母亲的言传身教让我懂得了做人的道理，让我知道了"谦虚""诚信"这些词为什么对一个人的一生来说那么重要。

8. 热爱读书和打开世界之门

母亲坚信我是个最聪明的孩子，所以对我期望最高，管教也最严，要求我把每一件事情都做到最好的程度。

知道母亲在我身上倾注了大量心血，我也会努力读书争取考高分。而母亲的奖励方式也很特别，她用书来奖励我。只要我想读，她都给我买。小学时代我就尽情徜徉在书的海洋里，一年至少要读两三百本书。我读了很多中国古典文学，也读了西方文学名著，我最爱名人传记。因为母亲无条件的支持，我养成了爱读书的习惯，并且受益终身。

我 10 岁时，远在美国的大哥回家探亲。吃饭时，大哥在跟母亲抱怨台湾的教育太严了，小孩子们的灵气越来越少。

母亲叹了口气说："唉，为了高考，我们有什么办法呢？"看到我整天被试卷和成绩单包围着，没有时间出去玩，也没有朋友，大哥忍不住说："这样下去，考上大学身体都坏了，不如跟我到美国去吧。"

母亲从没去过美国，她接受的是中国传统的教育，但她却出人意料地保留了一份开明的天性。听了大哥的建议，母亲把手放在我的头上，对我说："那你就到那里试试吧。"

一个那么爱她的幺儿的母亲，居然能下决心把孩子送到了当时遥远的美国，做第一代“小留学生”，这是要多么大的勇气啊！

多亏了母亲的勇气和开明，我在年少时，就获得了打开世界之门的钥匙。

9. 对家国的情怀

我在美国的第一年，母亲陪读 6 个月后，家里人开始催母亲回去。母亲虽然放心不下我，但还是牵挂着家里，只好把我托付给哥哥嫂嫂。临走前的几天，母亲一直在叮嘱我，回家记得做作业，背英文，听哥哥嫂嫂的话……上飞机前，她又郑重地对我说：“我还要交代你两件事情，第一件就是不可以娶美国太太。”

“拜托，我才 12 岁。”

“我知道，美国的孩子都很早熟，很早就开始约会，所以要早点告诉你。不是说美国人不好，只是美国人和我们的生活习惯和文化都不一样。而且，我希望你做个自豪的中国人，也希望你的后代都是自豪的中国人，身体里流的是百分之百的炎黄子孙的血……”

“好的，好的。飞机要起飞了。”

母亲拉住我的手说：“第二件事是，每个星期写封信回家。”

没想到第二件事情这么简单，我爽快地答应了。我每周都写信告诉母亲我学习上的进步，母亲就一个字一个字地看我的家书，帮我找出错别字，在回信中罗列出来。母亲的认真劲儿深深地感染了我，每次写信时我都要求自己认真一些，少写错别字。我也会到处去找中文书籍来读，以免让我的中文水平永远停留在小学程度。

小孩子最容易掌握一种语言，也最容易忘掉一种语言。我在学习英语的同时，中文始终没有落下，这不得不感谢那些年里每星期给母亲写中文家书。不然，也许童年时所学的汉字早就被ABC侵蚀了。

后来，我终于明白，母亲临走时叮嘱我的两件事不单是希望我娶中国妻子，会中国语言，更蕴含着一种浓浓的家国梦、深深的中国情。母亲用各种教育方式，潜移默化地将中国的文化和中国的思维方式根植在我的身上。

由于母亲的影响，无论我身在何处，我都会关心两岸正在发生的一切，无论我工作有多么忙，我都会抽出时间帮助中国的青年学生——因为那里有整个民族传承下来的信仰和光荣，因为母亲不止一次地提醒我说："别忘了你是中国人。"

10. 爱的牵挂

有人说："子女是父母最甜蜜的牵挂。"直到我有了孩子，我才真的明白这句话，也因此特别怀念那一段母亲把我揽在怀里的岁月。

其实，每个人不管年纪有多大，事业上取得了什么样的成就，在母亲眼里，你还是她的孩子，还是让她魂牵梦萦的牵挂。而这种牵挂，让你无论遭遇多大磨难，内心都能滋长出强大的力量。

2005年，当我跳槽换公司时，老东家决定起诉我，我知道我有麻烦了。官司刚开始时，情况看起来非常严峻，谣言满天飞。虽然很多都是子虚乌有的指控，但很多报刊媒体未经任何查证就起了混淆视听的标题，甚至污蔑我的道德价值。

即便我心中坦荡，但面对这些没来由的攻击，完全不烦忧是不可能的。深夜里，我佯装镇定打电话给母亲。在电话那一头，她坚定地告诉我："一切都会没事的。不管你做出什么样的选择，我都站在你这边，你永远都是最棒的。"

隔着太平洋，我强忍住感动的泪水，没有在电话中失声。但放下电话后，我就再也忍不住了。我无比感动并深深地自责，感动的是母亲对我的真诚的支持，自责的是我还需要母亲为我的工作操心。

我很庆幸有这样一位既传统又开明，既严厉又温和，既勇敢又风趣，既有爱心又有智慧的母亲。她的教育既有中国式的高期望，也有美国式的自由放权；既有中国式的以诚待人，也有美国式的积极进取。如果说我今天取得了一些成绩，那么这些成绩都是来源于母亲的教诲、牺牲、信任和支持。

过去的这十多年，母亲的失忆状态一年比一年严重，可因为工作繁忙，我虽然每年休假都会回去陪母亲，但一年也就一两周的时间。这些年，特别感谢台湾的三个姐姐对母亲的照顾和付出。

几年前我得了癌症，治疗时又搬回家跟母亲同住。那段时间，母亲已经无法跟我再像往昔那样沟通，但至少我可以陪伴她，跟她一块儿吃饭，买她喜欢吃的东西和小玩具，和姐姐们陪母亲打胡涂牌、抛接小皮球。

当时，我一方面会因母亲不认得我而难过，另一方面又会庆幸，这样她便不会知道自己最疼爱的幺儿正在遭受病痛折磨，也不会再因我担惊受怕。转念一想，自己人生最困难的这几个月是和母亲一起度过的，还是有些欣慰，老天待我不太薄。

好强的母亲，终究敌不过岁月的侵蚀。几次送她去老年大学，我远远地站着看她跟一群失忆老人一起，由年轻的老师领着舒展筋骨、玩游戏，我的心情竟和当年送女儿上学时是一样的。九十几岁的老母亲，成了我的老宝贝，我的老小孩儿！

失忆的老人中有不少会表达出沮丧、沉默或愤怒，但是母亲总是笑眯眯的，跟我们玩游戏、唱歌、踢球。可爱的母亲依然热爱美食，做梦还会说“我要吃肉”。

陪伴失忆但仍乐观可爱的母亲时，我经常会想到：母亲这一生都是在用自己的方式给予我们无微不至的爱。也许她自己知道，这时她能表达爱的最好方式就是成为全家最可爱的老小孩。

小女儿德亭在母亲的一次寿宴前，为祖母拍了一张戴手套的照片。因为那时候母亲常觉得身上发痒，我担心她会忍不住把自己抓伤，就为她戴上手套。

记得小时候我长水痘时，她也曾对我做过一模一样的事。在我为她戴上手套之后，她马上就忘了身上的痒，用两手蒙住眼睛，又松开两手，对我调皮地笑。在我小时候得水痘的时候，她就是这么教我的。

我就知道，亲爱的母亲，她是多么地爱我！所以，在她连自己的名字都忘了时，她依然记得我们之间的小游戏！

德亭带着相机，在一旁守候着如今像婴儿一样随时需要人照顾的奶奶，她跟我说：“奶奶似乎丧失了一辈子的记忆，这让人好心痛啊！”

我跟德亭说：“生命是非常玄妙的。我觉得奶奶不是在逐渐失去记忆，而是在清除忧虑；她的心智不是在退化，而是在净化；她不是在走向生命的落日，而是在走向新生的黎明。”

我亲爱的母亲，您放下了重担，走向了黎明。母亲，我永远爱您！您的七个孩子永远爱您，都希望永远做您的孩子直到永恒。

我的爱情故事

刚刚到美国，妈妈就警告我不能和美国女孩交往。因此，我一直恪守着对妈妈的诺言："不会找美国人做女朋友。"尽管从高中开始，身边的死党们就会毫不忌讳地对我大谈特谈女朋友了，但是我特别害羞，一谈到这个话题，我就会满脸通红。到了大学以后，我不是沉迷在桥牌里，就是忙于暑假打工赚足学费，因此感情生活一直是一片空白。

1982 年 6 月，我回到了台湾温暖的家中度过大三那年的暑假。我并不知道，这个时候家里的所有人都在张罗我的终身大事。后来姐姐们告诉我，妈妈在那个暑假之前，就开始部署一切相亲事宜了。

此前，母亲一直在问我："在大学里有没有认识中国女孩？"我的答案一直是："没有！"妈妈总是很失望。后来，她总是对姐姐们说："幺儿已经 20 岁了，再不给他找女朋友，他会不会真的要找美国人当太太了？"

在大三暑假来临之前，妈妈决定无论如何都要为我安排一位台湾的"交往对象"。妈妈一声令下，姐姐们纷纷开始行动起来。在我回台湾之前，她们已经列好了一份名单，准备让我进行轰炸式的相亲。那个时候，我还从未跟一个女孩约会过，这样的安排让我既期待又有些畏惧。

记得当时第一次相亲时，那个女孩无可奈何地告诉我：“其实我已经有男朋友了，来相亲是被爸爸妈妈逼的，因为他们不喜欢我的男朋友。”我回到家后，心里想：相亲真是一件蛮无聊的事情。

但是，仅隔一周的第二次相亲，我就奇迹般地遇到了一生中的真爱，她就是我现在的太太谢先铃。说起那次相亲也是颇有意思。我父亲李天民和她父亲谢星曲本来就是同事，两个爸爸在工作方面很熟络，但是谁也没有想到让自己的儿女在一起这回事。

有一天，他们的一位共同的朋友冯伯伯无意间对我父亲说：“你知道吗，谢星曲的女儿又漂亮，又能干，又贤惠，不如让开复出来和他女儿见见面。”我父亲一听，立刻动心了，趁着我在台湾，爸爸组织了两家人的聚会。当然，我们两个年轻人也被明确告之了这次聚会的目的。

那次聚会，超大的桌子旁边坐了两家的十几口人，大人们没事似的热热闹闹地用四川话谈论政治，谈论谁谁谁又退休了，谁谁谁又提升了，好像没有相亲这回事。在忐忑中，我看到了坐在我正对面的相亲对象。

这是一个梳着长头发、长着甜美的娃娃脸的女孩子。她坐在那里，真是相当安静，举手投足也很淑女。这就是她留给我的第一印象。不过，因为我们隔得太远，又都比较害羞，当天竟然一句话也没有说。

回到家里，父亲问我：“你觉得他们家女儿怎么样？”

我一头雾水地说：“没看太清楚，是不是也太文静了？”

现在先铃回想起25年前的往事说：“当时我爸也问了我的感觉，我对我爸脱口而出，印象实在不怎么样啊，他一言不发，表情又好严肃，几乎不怎么正眼看我，简直是在耍大牌呢，觉得自己是美国名校的就了不起！”

我委屈啊。我不说话，是因为那么多长辈，我一直没有机会说话。我不看她，是因为不敢正眼看她。

然而，对方这些不痛不痒的话语，经过冯伯伯的传播却完全变了风向。我听到的反馈是："他女儿觉得你挺不错的。"而传到她那里的信息则是："他儿子特别喜欢你！"我们两个人当时听到对方这样的表态，都觉得再接着见见面也无妨。

我还记得我和她的第一次约会。这个安静的女孩真的开始吸引我，她的一颦一笑非常温柔，表情也十分可爱，而且说起话来轻言轻语的，有一种单纯又温婉的气质。

和我一样，她也没有什么与异性交往的经验，但是我们一开始就很投缘，彼此开着玩笑。记得第一次约会，我就开玩笑逗她。她问我："今天去看什么电影？"我打开手边的报纸，装作仔细研究的样子，然后认真地说："今天有一部《装修内部》看起来不错啊！"她兴高采烈地说："是吗，那就看《装修内部》！"我就当真带她到了那个电影院。到了那儿，她才发现被我耍了。电影院在进行"内部装修"呢！

玩了一整天回家，我累得躺到床上，但是一整晚都无法入眠，回味着那天的每一分钟。第二天起来，我对姐姐们郑重宣布："谁也不要再给我安排相亲了，我现在已经找到想要的人啦！"

自从那一天开始，我的心里开始有了一个人的存在，我开始用整个暑假来约会。在一次又一次的约会中，我们的感情逐渐增进着。每天晚上回到家里，我都回味着我们去过的每一个地方，看过的每一部电影。

后来，我每次去她家找她的时候，都要在路上买一束玫瑰花送给她。结果，她的邻居一看到拿着玫瑰花的人来了，就都说："李天民的儿子又来找谢小姐啦！"

从此之后，我开始全力以赴地对待人生中第一次也是唯一的一次爱情。得知她家住在台北郊区内湖，对繁华的台北市区里的馆子不熟悉，我让姐姐们给我列了一张长长的餐馆名单，包括我们家平时尝试过的所有的好餐馆，我决心带她一家家去吃。而姐姐们特别支持我多多付诸行动，她们甚至每人给我捐了一万台币的“恋爱经费”，让我有实力去对女朋友好。那个时候，我对她夸下海口：“要带你吃遍台北！”

除了席卷台北的餐馆，流连在士林夜市，我们还昏天黑地地泡在台湾的甜品店里，记得我们经常要雪王和刨冰吃。有一家店号称自己有 60 多种口味的冰淇淋，而我们去的次数太多了，已经把每一种都吃了个遍。

交往过程中，我发现她除了可爱、纯洁，还是一位罕见的传统中国女性。为了家，她心甘情愿地付出一切。每天一大早起来，她抢先把家务做了，扫地、买菜，生怕她年迈的外婆和身体不好的母亲劳累。父亲生病时，是她整整一个月睡在医院照顾。家境拮据的时候，她退掉学校的餐费，自己做简单的菜吃。为人处世，她总是燃烧自己，照亮别人。这一切都深深地感动了我。

到了暑假后期，我们的感情越来越深。到了回美国的那一天，我和她约定，尽量多给对方写信。

回到美国后，我们开始了鸿雁传书的一年，我一两天就给她写一封“热情洋溢”的信，向她诉说美国的大学生活，还有身边的各种趣事。写信对我来说，是一天中最幸福的事情，我可以毫无保留地和她诉说任何事情，也表达对她的想念。而她的来信也是一两天就会飞到我的手里，不过她的信就比较含蓄，虽然也谈论很多事情，但是没有那么炙热的语言在里面。其实，那是她一贯的风格。

有一次，我突发奇想，把她给我的来信先复印一份，然后把复印件上的字一个个地用剪刀剪下来，再用胶水贴到另一张信纸上，组合成一封新的“肉麻情书”。在信上，我告诉她，你以后写信的风格应该是这样的：“开复：自从你回美国后，我三天三夜仅是看着月亮想着你。我好不习惯，很伤心，很难过，真痛苦！我为你断肠，一蹶不振，甚至多次想不开。我常常 cry，现在已经欲哭无泪。你是那么地聪明、可爱、温柔、体贴、完美！”据说，她接到这封信后哭笑不得。

1983 年，还不到 21 岁的我正准备开始读博士。而同时，另外一个想法也慢慢地涌上了我的心头。我想在走入人生的下一个阶段时多一个伴侣，让她陪着我选择，陪着我走人生路。我不一定将来能够成功，但是，我希望能够让她快乐，给予她幸福。

在信里，我表达了结婚的想法。但是，这件事情对于她来说，真的是太突然了。她后来对我说，她不但从来没有想过结婚的事情，更觉得结婚对于她来说简直是十万八千里远的事情，被我一问，有点蒙了。因为她还想在台湾多待一阵，还想照顾外婆。

等待她多日考虑后，我给她的家里拨了越洋电话。我清了清嗓音，对着电话说：“我知道，这样的求婚对你来说有点突然，我们的年龄也比较小。但是我已经认定你了，我相信你也认定我了。所以，”我顿了顿说，“你愿意嫁给我，让我成为世界上最快乐的男人吗？”

电话那一头几乎是沉默了半分钟，我才听到了一声“愿意”。后来，她告诉我，她本来还是有顾虑，但是被我的真情打动了。

现在有些年轻人得知我一辈子只有一份感情，或者说第一次恋爱就结婚了，感到十分不可思议，尤其是知道我在 21 岁就组成了家庭后，感到有点震惊。其实，对我来说，正是因为有了稳定的感情依靠，使得我在美国读博士期间，不再感觉到孤独，也让我有了心无旁骛、全力以赴做科研的动力。

妻子这几十年来任劳任怨，相夫教子，对家庭付出极多。对她的家人，她总是充满着爱心，永无止境地奉献，无论是每天六点起来为全家榨新鲜果汁，还是亲手缝衣服和被子，或者是把衣服烫得笔挺，我们生活里的每一处都能看到她的关怀。在我繁忙的时候，她照顾着我。在我专注工作的时候，她从不抱怨。在我职业生涯进入低谷的时候，她安慰着我。我遇到过很多次的职场挑战以及生活地点的转换，都是在她的陪伴支持下度过的。

在这几十年的婚姻里，我们相伴走来，拥有了太多太多浓得化不开的亲情与感动。

李开复与青少年的问答实录

1

○ **问** 从小到大，我都是全班第一，也是我父母的骄傲。但是，进入全市最好的高中以后，我发现自己不再是全班第一。我开始怀疑自己，无法快乐起来，我该怎么办？

● **答** 我认为，你是一个“一元化”教育体制下的受害者，仿佛你的存在和快乐都建立在保有第一的基础上，你也会发现这样的“快乐”是多么地脆弱、不真实。让得第一决定着你的快乐，这是多么狭隘、荒谬的事。这是典型的“一元化价值观”的体现。

学习做第五、第十仍能自我肯定，乐由心生是你现在必须要做的功课。

首先，你要打破“第一快乐”的迷思。世界上没有研究能证明拿第一的人是比较快乐的，但研究证明“找到意义”“做有意义的事”和一个人的快乐与否有关。另外，能感受愉悦或积极投入到兴趣、爱好中，能够浑然忘我的人和快乐真正相关。

鼓励你以兴趣、爱好为目标，放下“第一”。

“第一”或许能给你一些成就感，但你不是分数的奴隶，只有你自己能决定自己的快乐。

你为什么要进入全市最好的高中，而不是选择一所能够让你保持“第一”的学校？即使在这所全市第一的高中得了“第一”，是否就说明你是全国所有高中的“第一”？即使你进了清华，得了清华的“第一”，是否又说明你是全世界的“第一”？这就是古人说的“天外有天，人外有人”。看到比你强的人，你应该高兴，因为你又可以在与之交流、友好竞争和切磋中提高自己了。

你一定知道刘翔，他在奥运会上平了世界纪录。但最初在国内比赛时，尽管他老得第一，却总是不能接近世界纪录。这是为什么呢？因为国内比赛中的对手不强。在奥运夺冠前，他在国际大赛中不知经历了多少次落后和失败才有了后来的成就。如果是你，你愿意选择永远在国内得第一（当然有鲜花和掌声）但不参加国际比赛，还是不断地去与国外的高手切磋技艺，不怕一次次地被打败呢？

进入高中以后，希望你能够逐渐寻找自己的兴趣和目标，而不要为了老师的关照和大家的瞩目而学习。当你找到了真心喜欢的志趣以后，你会发现“第一”的光环是多么虚幻，世界上原来还有比它更加令人激动的东西。要想找到这样的东西，就一定要走出虚荣的光环，恢复平常心。

建立在别人给你做的光环上的生活是不踏实的，因为别人左右了你的喜怒哀乐。一定要将命运把握在自己的手里，为了自己的目标而努力，而不是为了讨得别人给你的光环。

2

○ **问** 我刚进入一所重点高中，以前我在自己所在的初中成绩一直名列前茅，但在新的环境和集体里，作为一名高一的新生，我看到周围的同学都很优秀，因此我感觉到压力很大，担心会成为最后一名。开复老师，我该如何走出这种心理困境？

● **答** 首先，恭喜你进入了一所好学校，这是一个好的开始，你应该高兴，而不是恐惧。相信你希望自己能积极向上，进入这所学校一定是个正确的选择。

我一直建议同学们：“从成功里获得自信，从失败里增加自觉。”

“从成功里获得自信”的含义是：你可以挑选自己擅长的或感兴趣的学科，等待或寻找机会发挥自己的才华，以帮助自己建立自信。对成功的定义要合适，不要把标准定得太高，变成对自己的苛求。

“从失败里增加自觉”的含义是：不要给自己太大压力，以平常心看待一切人事。只要你尽力了，就应该满足、为自己自豪。我曾经和清华、北大的校长聊天，听他们说学校经常遇到的问题是每个学生都习惯当第一，但是事实上只有一个第一，导致很多人觉得自己很“失败”，但清华、北大的毕业生会有很好的出路，包括最后一名，他们完全不必如此担心。我想这个事例对你来说也是类似的。

从你的信中，我读到了你的患得患失以及你现在过分珍视自己过去拥有过的荣誉，而不是重视上高中本身所应达到的目的，这说明你还不明确自己的目标是什么。

任何一个身处全新环境的人都会有一定程度的紧张，担心自己在新环境中是否能够生存，这种情绪是人类天生的本能反应。更何况你才刚上高一，年轻人潜力无穷，即便现在考最后一名，你依然能够学到很多知识，以后依然能够成才！

如果考试时成绩不理想，你应该认为这样自己就能有更大的进步空间，换个角度看事情，世界和心情都会不同。希望你能在优秀的环境中，变压力为动力，学到更好的适应能力和更正面的抗压方法及自信。

3

○ 问 高考结束了，但我没考上好大学，进入了一个三流大学，我对学校很不满意，我该怎么办？接下来的四年是不是就荒废了？今后我是不是就没前途了，进不了外企和有名的企业了？是不是在国外发展就能好一点？以后要不要再考名校？

● 答 虽然你对学校不满意，但是你应该考虑你未来的四年要怎么度过。你可以不喜欢你的学校，但是你不能不喜欢你自己。如果你哀叹、彷徨，甚至颓废，将你的四年浪费后，你将一无所有。如果你在入学时对未来不满意，然后你从此不上进，四年后，你只会更不满意。如果你喜欢你自己，在乎自己的未来，你就要告诉自己："我要从这不完美的地方，度过最充实的四年。老师教不好的，我自己学；课本学不到的，我到网上学。"林肯曾经说过："永远记住，你自己要取得成功的决心比什么都重要（*Always bear in mind that your own resolution to succeed is more important than any other one thing.*）。"

我认为一个人上什么样的大学并不是人生的关键。大学本身质量很重要，但是如果你有理想、有目标地去努力，不受外界环境的干扰，在什么大学上学也并不是决定因素，现在通过互联网及其他丰富的资源也同样可以学习到很多知识，关键是你必须上进，学会自习，不要随波逐流，被周围不好的因素影响。坦白说，三流大学最不尽如人意的地方就在于学习氛围不太好。大学四年除了学习课业之外，还有很多重要的地方，例如练习自习的能力、增进情商、通过社团活动等学习团队合作等。当你设定你在大学中要达到的目标时，不要忘了注意多方面的成长。

除了学习之外，你应该尽自己最大的努力想清楚你的人生目标是什么？你的兴趣在哪里？你毕业后想从事什么职业？我相信对大多数人来说，进入名企大概不是一个正确的人生目标。在国内还是国外发展，在现阶段对你来说也不是主要需要考虑的问题。如果你不知道你的理想是什么，在国外也会一样迷茫，出国不能解决任何问题。我建议你找到自己喜欢做什么、确定有什么事情能使自己兴奋和投入。我在你这个年龄的时候没有好好考虑过这个问题，现在想起来有些后悔。你刚刚忙完了紧张的高考，现在正好有时间和精力去好好考虑，因为你自己的问题是没有人能够代替你做出回答的。如果你找到了兴趣和方向，并且珍惜时间和学习机会，你依然会享受在大学学习的好机会。一流大学里浪费光阴、虚度年华的大有人在；三流大学里踏实进取、最终成为栋梁之才的人也不在少数。无论你以后的路怎么走，选择的主动权还是握在你自己手中的。

4

○ 问 现在我遇到了一个特别大的挫折，让我一蹶不振，感觉人生失去了意义。请问开复老师，您遇到过挫折吗？您是如何面对挫折，从痛苦中站起来的？

● 答 如果你读过我以前的一些文章，你就会了解到我过去遇到了不少挫折，以及我从中领悟到了很多的经验教训。

我曾经是误人子弟的老师，被学生嘲笑是糟糕的老师却还浑然不知，后来无意中看到他们给我起的绰号才醒悟过来。这促使我开始学习沟通和演讲的技巧。后来，我每年会面对几万学生做几十场演讲。

我曾经做过一个很酷但是没有实用价值的技术，最终造成上百人失业的恶果。为了这件事，我至今仍然感觉无比歉疚，直到那件事过去一年以后我才能够完全正面面对我给他人带来的不幸。但是我从来没有对任何人隐瞒这件事情，并经常用这个实例规劝学生：“重要的不是创新，是有用的创新。”这句话今天还刻在麻省理工学院的一块石板上。

在人生逆境中越挫越勇，从挫折中学到教训，勇敢地面对、承认自己的挫折，甚至在挫折中找到出路、意义，这是我在你面对挫折时能给出的最好的建议。通过下面这个例子，你或许能理解我的意思。

住在美国西雅图附近的约翰·贝尔先生在他30岁的时候，突发心脏病，医生宣布他只剩下三个月的寿命。这对一个人来说是多么大的挫折呀！当时束手无策的约翰，坐在自家附近的河边，注视着流水，想起叔父曾说过，它曾经是一条美丽的河流，每年都可以在这里看见鲑鱼逆流而上，鱼群数量庞大，似乎可以让人踏着鱼背渡河。而今呈现在约翰面前的河流却已经变成工厂倾倒废弃物的场所，是一条死亡的河流。约翰看着眼前这条悲惨的河流，不禁联想到自己的人生。

于是，他马上开始整理这条河流：他做了栅栏将垃圾集中，将磁铁沉入水中用来吸取金属类的废弃物，在河堤上栽种植物来净化水源。约翰拼命地整治河流，他认为让死亡的河流再生，就如同抢救自己的生命般重要。

医生所宣布的三个月期限过去了，他依然健在。约翰的事迹因此出名，美国各地有许多义工想访问他。心灵受创的人也加入到清洁河川的工作中，很多人回家时创伤已经愈合。

一位越战退伍后，多年来未发一语，得了忧郁症的老兵，在和约翰一起工作五个小时后，突然坐下来大哭，开始吐露深藏心中的愤懑和不满，也脱离了他的挫折心态。

在未来的某一天，当你能够直面某个挫折时，你的心态不应该再是悔恨或羞愧，而是看到教训和经验，这就表示你已经达到了成熟的心态。

5

○ **问** 开复老师，您曾经提到过不要追求名利，而要立志追求自己的理想，做自己想做的事情，做自己价值观需要做的事情。可是我觉得我们都生活在一个以名利为主流价值观的世界中，如果为了清高的理想，而得不到名利，也就得不到那种成就感和主流社会对你的认同感。如果我有一个非主流的价值观，周围的人或社会都不认可，那怎么办？我们如何保持平和的心态来做这些不平凡的事情呢？有这种可能吗？

● **答** 首先，我想对你的问题作一些澄清：

（1）追求理想是否代表清高、不平凡？反之爱名利就是低俗、哗众取宠？这是太简化的“二分式”思考。李安多年前选择学电影，只是因为热爱和坚持自己的兴趣，在纽约待业六年，只靠太太支撑家庭经济。他何尝自命不凡？他只是不愿放弃自己的理想，在生活中随波逐流。

（2）你说我们生活在一个以名利为主流价值观的世界，其实我们生活在一个多元价值观的世界，主流与非主流也不要简单地二分，这两端之间有很多种可能。

我还想对名利方面稍微做一点补充。许多人把名利和社会责任、理想对立了起来，好像你追求名利就没有理想，或者追求理想就必须放弃名利。其实，名利本身没有任何的不好，我想人希望得到名利也是可以理解的，但是我建议不要把名利当作你的理想或目标，更不要把名利误认为是一种价值观。

其实，理想和名利并不是对立的。如果你做的事情符合你的价值观、兴趣和理想，名利确实很有可能会成为一个副产品。在刚才举的李安的例子里，在追逐自己的理想中，他并没有放弃名利。当他达到他的理想时，他也名利双收。所以，理想和名利是不冲突的。以前美国的一个研究也证明了最终得到名利的那些人更多是因为追求理想，而非只是想发财的人。

另外，你问如果你有一个非主流的价值观，周围的人或社会都不认可，那怎么办？这是一个很好的问题。如果你的非主流的价值观对你来说真的那么重要的话，你应该给自己足够的力量，给自己激励，让自己能够通过实现自己的理想来克服某些人片面的意见。但是，如果你不能让自己继续为理想感到激动，那可能应该再想一想这是不是你唯一真正重要的价值观？

此外，我想说我们不要把社会当作一个实体。世界上有这么多的人，也许你做的这件事情不受某一群人的价值观的认可，但是我相信还有另外一群人会认可，我希望你能够找到那群人。我举一个很简单的例子，当时我写《给中国青年学生的第一封信》谈诚信的时候，我给很多同事看，征求他们的意见，他们说："写得不错，但是千万不要发表，发表了以后是会得罪人的，最后你得不偿失，反而会被当作不务正业、没事找事的人，甚至可能会伤害公司的形象。"但是我觉得我不认可他们的看法，我发表了。为了避免影响公司，我还补充了一段话，解释这篇文字只代表自己并不代表公司。最后，我果然看到了很多青年同学其实正面临着如何选择价值观的难题，他们非常需要这样的帮助。

6

○ **问** 李老师，您好。我非常佩服你的人生目标：最大限度地发挥影响力。说得通俗一点，就是为人民服务吧。可是在我看来，有这种目标的人必定是容易受伤的，因为这个世界根本就没有“善有善报”这条规则。在“人善被人欺，马善被人骑”这样的现实当中，我想您之所以跟我们的想法不一样，是否是因为我们的信仰有着非常大的差别呢？您的信仰是什么？是什么让您突破了这些世俗的看法，放弃了自己的利益？

● **答** 我信仰的核心是“最大化自己的影响力”，想助人找到自己的声音，创造更好的命运和扩大每个人的影响力。我认为国家的希望在青年学生，我也期盼能将这样的积极的人生观分享给中国学生，让他们能在“被欺”“被骑”的受迫受制心态中见到一些不同的可能，心态稍微平衡，进而愿意看重自己的影响力而更努力向前。不过你们都知道我的核心信念除了西方的积极性，还包含了东方的谦卑及乐天知命，就是“有勇气来改变可以改变的事情，有胸怀来接受不可改变的事情，有智慧来分辨两者的不同”；也可以说我信仰人要为自己的命运尽人事，但能成与否要听天命，相比之下我在乎的不是善报，而是利己利他。

关于影响力，首先我要说明的是，影响力并不代表个人的势力或权力，而是让世界因为有我而更美好，对周遭产生影响力，为世界、为人类创造了价值，成为一个有价值的人。

有些同学认为我这么说就是要让大家放弃世俗的理念和自己的利益，所以应该叫作“无私的奉献”；也有些同学认为我是让大家把自己的利益和“服务和奉献”对立起来，要做到“自我牺牲地为人民服务”，其实这些理解都有失偏颇。其实，做到“最大化自己的影响力”和个人的利益并不冲突。比如说，工程师在谷歌做一个很有用的产品，帮助用户获取更多的信息，对世界有重大的影响力，同时对自己而言这也是一个待遇优厚的职位。或者作为一个经济学家，对中国的贡献和影响力巨大，同时社会也会给个人以相应的社会地位和报酬。在美国一个关于商学院毕业生的调查研究中，人们发现那些具有理想，希望增加自己影响力的人，往往最后也是获得最多财富的人。

有的同学可能会认为我的解释让人感觉虚伪或空洞。但我想，无论是“影响力”还是“贡献”，最重要的是每个人都需要思索这样一个问题：人生在世的意义究竟是什么？如果你得到的答案是：我生存的意义是这个世界因为有我而变得更好更进步，那你就会得出和我相同的结论。

督促你探询人生意义与价值的驱动力有很多种：对富有的人而言，如果你已经拥有名望与利益，你便自然而然地开始领悟到人生还需要有更崇高的意义，理解到个人还需要有更重要的存在价值；对于有智慧的人而言，个人的知识背景、特殊的人生阅历所形成的人生哲学引导着你去思考你存在的意义；对于任何人而言，家庭或民族传承下来的信仰或者你从小所接受的教育指导着你去思考生命的意义。

所以，拥有信仰是一件好事情，而且任何人都可以有自己的信仰。作为推动社会发展的驱动力之一，正面的信仰可以让一个人的人生更有意义。

7

○ **问** 我想多学两种知识，但是现在时间上怎么安排都不够，我该怎么办？ 但是开复老师您除了繁忙的公事，同时也做到了一个好丈夫、好父亲，而且还写书、写文章以及办网站。您是怎么做到这样“分心”的？ 怎么样才能把一天24小时变成36小时？

● **答** 人的一生两个最大的财富是：你的才华和你的时间。才华越来越多，但是时间越来越少，我们的一生可以说是用时间来换取才华。如果一天天过去了，我们的时间少了，而才华没有增加，那就是虚度了时光。所以，我们必须节省时间，有效率地使用时间。如何有效率地利用时间呢？ 我有下面几个建议：

（1）知道你的时间是如何花掉的。挑一个星期，每天记录下每30分钟做的事情，然后做一个分类，例如：读书、和朋友聊天、社团活动等，统计下看看自己什么方面花了太多的时间。凡事想要进步，必须先理解现状。

（2）学会使用时间碎片和“死时间”。如果你做了上面的时间统计，你一定发现每天有很多时间流失掉了，例如等车、排队、走路、搭车的时间，可以用来背单词、打电话、温习功课等。我前一阵和同事一起出差，他们都很惊讶为什么我和他们整天在一起，但是我的电子邮件都可以及时回答？ 后来，他们发现，当他们在飞机、汽车上聊天，读杂志和发呆的时候，我就把电子邮件全回了。重点是，无论自己忙还是不忙，你要把那些可以利用碎片时间做的事先准备好，到你有空闲的时候有计划地拿出来做。

（3）每天一大早把一天该做的事排好优先次序，按照这个次序来做，并要求自己这天把最重要的三件事做完。我感到在工作和生活中每天都有干不完的事，唯一能够做的就是分清轻重缓急。有的同学会说自己“没有时间学习”，其实，换个说法就是“学习没有被排上优先级次序”。曾经有一个教学生做时间管理的老师，他上课时带来两个大玻璃缸和一堆大小不一的石头。他做了一个实验，在其中一个玻璃缸中先把小石、沙倒进去，最后大石头就放不下了。而另一个玻璃缸中先放大石头，其他小石和沙却可以慢慢渗入。他以此为比喻说：“时间管理就是要找到自己的优先级，若颠倒顺序，一堆琐事占满了时间，重要的事情就没有空位了。”

（4）运用 80%—20%原则。人如果利用最高效的时间，只要 20% 的投入就能产生 80% 的效率。相对来说，如果使用最低效的时间，80%的时间投入只能产生 20% 的效率。一天头脑最清楚的时候，应该放在最需要专心的工作上。你们可以把一天中 20%的最高效时间，专门用于最困难的科目和最需要思考的学习上。许多同学喜欢熬夜，但是晚睡会伤身，所以还是尽量早睡早起。

8

○ 问 我是个不甘人后的大学生，今年已经大二了。但有时候我觉得在学习方面总是被别人牵着走，有时候想出了解决问题的办法，就想为此拼命，决定不达目的誓不甘休，但睡一觉第二天又没有那个激情了。我常常怨恨自己太缺乏毅力，拿起书本，学一会儿就烦；想改变自己，又没有常性。别人都说我是一个对什么都有兴趣、又什么都不精的“三脚猫”。我整天埋怨自己，就是不能有常性。您能为我出出主意吗？我该如何规划自己一天的时间？

● 答 我给你六个建议。

（1）别再埋怨自己。怨恨自己是没有建设性而且有害的想法，会抹杀你的自信和积极性。不过，从你既没常性却常常怨恨自己，可见还是有常性，只可惜是不健康的常性。

（2）珍惜你的优点。好奇、有激情都是值得珍惜的优点，就用这份好奇心慢慢探索，相信在未来，你的好奇心和激情会成为你的核心竞争力。不过，从过去的经历看，你知道自己没有足够的常性，所以以后当你发现新天地时，不要太快感情用事，还是抱着怀疑的态度，多做咨询。

（3）寻找你真正的兴趣。我们往往对有兴趣的事情不需要督促就会做好，如果你的方向是你真的有兴趣的，保持常性应该相对容易。

（4）接受和理解你必须要做的事情。但是在做有兴趣的事情前，一定要把手边必须做的事情做好。有些没兴趣又必须做的事情如果不做，可能就会失去以后做自己感兴趣的事的机会。所以，对一件事情，在培养毅力前，先告诉自己为什么要做这件事情。当你理解并深信做这件事情是你的必由之路时，你就会更好地督促自己。

（5）毅力不是每个人天生就有的，既然认为自己没毅力，那就先给自己定个目标，慢慢来，不要太急，既然已经意识到这一点，那就好办。开始不要把目标订得太高，就像爬楼梯一样，一步一步来。但是毅力是成才者必须具备的重要素质之一，因此你需要重视对自己毅力的培养。日本有媒体总结了种种培养毅力的行之有效的方法，包括尽早培养、有意让自己吃点苦、加强体育锻炼等，你也可以试试。

（6）定阶段性的目标。从“不做一件事”到“每天花5小时做那件事”对大部分人来说都会很困难。如果你给自己一些可以承受的目标，在达到后再增加，那你就会慢慢地形成一种习惯。宁愿把目标先定低一点，但是一定要实践。把自己当作别人，对自己做一个承诺，并且一定要履行自己的承诺。当达到目标时要奖励自己，给自己一些鼓励，这样对你的毅力和自信都会有帮助。

9

○ 问 我曾经在一本刊物上看到过这么一句话：“一个人的成功85%决定于在社会中的人事关系，只有15%决定于专业知识和其他的因素。”请问开复老师，您对这句话怎么看？

● 答 这句话是卡耐基说的，我认为这句话非常有道理，但是千万不要把“一个人的成功85%决定于在社会中的人事关系”误读为“一个人的85%的精力都应该放在搞人事关系上”。

卡耐基的本意是说：在当今社会，每一个团队的协调，每一个人与上下级关系的相处，每一次说服别人的过程，每一次和别的公司、合作伙伴、客户的协作，这些都是人与人之间相处的模式，在每次人与人之间的互动中，每个人都要学会如何表达自己，如何与人沟通，如何说服别人，如何有同理心，如何聆听别人，如何让人信服，如何建立团队精神，等等。这些能力确实比专业知识更重要，而且永远不会被淘汰。

阅读卡耐基的书能学习不少这方面的技巧，很多卡耐基的作品在网上也能找到，他最有名的一本书是《如何赢得朋友并影响他人》，你可以找来读读。

10

○ 问 开复老师，我是一个性格比较内向、不善言谈的人，感觉这样的性格不利于与人交往，平时和人闲聊的时候常会不知道要说些什么，冷场是常有的事。因此身边的人认为我很难相处，没人愿意跟我交朋友，这使我感觉越来越孤单，学习也不能集中精神，让我的生活形成了一个恶性循环的氛围。我想改变这种性格，做一个很会说话的人，有什么方法可以改变吗？

● 答 首先，内向并不是缺点。著名的瑞士心理学家荣格在其心理学理论中指出："人可以从不同的事物中汲取能量——外向的人可以从和他人的相处中得到能量，而内向的人可以从独自的思考中得到能量。"内外向的性格都有各自的优点，不必太刻意去改变什么，内向在某些方面也是有利的，所以内向的人不用想着彻底改变自己，而应当庆幸自己拥有这样的个性，并通过最适合自己的方法获得能量。让一个很外向的人整天独自思考，他会觉得压力很大；同样的，让一个内向的人去参加大派对或面对数千人发表演讲，他也会觉得压力很大。因此，我们应当善于发挥自己的特长，以自己擅长的方法获得成功。

其次，内向和外向之间并不是非此即彼的关系，而是有一个可以动态调整的范围。比方说，用 1 到 10 共十个数字来标记人的性格，1 为极端内向，10 为极端外向，那么，要一个人从内向的 2 跳到外向的 9 显然是不现实的，但要让他从 2 跳到 4，就不会很困难。事实上，每个人都有一个属于自己的动态范围。例如，我做过两次"*Myers Briggs*

测试”，在我做经理之前，我的“内向外向”指数是4，在做了十多年经理后，我的“内向外向”指数是6。也就是说，我可以在较为内向和较为外向的范围内，根据需要调整自己的性格。所以，内向的人都可以在不给自己太大压力的前提下，尽量往外向的方向发展。

我给你一些实践性较强的建议：

（1）接受并为你拥有的内向性格感到欣慰，从自己的性格中获取能量。外向者喜欢从执行中学习，而内向者喜欢从思考中学习；外向者喜欢通过讨论碰撞出思想的火花，而内向者希望经过静思达到创新的目的；外向者善于组织人和事，而内向者善于组织思想；外向者善于表达，而内向者善于感悟。

（2）给自己设定一些“较外向但又不带来太大压力”的目标。例如，要求自己开会时发言，或一个月主动交一个朋友，等等。这些计划最好有可衡量的目标，以督促自己执行。内向的人有时会怕丢面子所以放不开，或者有太重的防备心理，这就需要多练习，每天做一件想做但是又有一点“社交恐惧”的事情。

（3）以诚待人。人的感情都是具有反射性的。你若希望别人对你和善，你首先要对别人和善；你若想别人对你付出真心，你首先要对他人付出真心。如果你能待人更真诚一点、主动一点、热心一点，随时随地以诚待人、将心比心，你就更容易被人接受和信任。你最终的目标是要更好地与人相处，但这并不代表你必须改变自己的性格。

（4）利用你擅长的兴趣、爱好去认识有共同兴趣的朋友，打开话题。或者，针对一些你想认识的人，找一些共同的话题。与人交流时，专注地听对方讲话，让对方知道你在听；在适当时间表达自己的意见。

不过，注意朋友是终身的支柱，宁缺毋滥，千万不要交一些所谓的“酒肉朋友”，或与那些不是真心和你交往的人做朋友。

（5）练习和陌生人搭话的能力。主动找人讲话时，不要那么在乎“面子”。如果一个人不理睬你，那就继续找下一个朋友，你不会有任何的损失。

（6）参加一些社团，经过社团活动认识别人。在你所属的团体内去找朋友，如找同班同学一起读书、复习，向他们诚恳地求助，找一些共同进餐的朋友，有时我们会惊讶地发现，一旦我们愿意开口，身边愿意伸出帮助之手的人远远超过我们想象。

（7）主动、开朗一点。要想结识有趣的人，必须先成为有趣的人；想成为有趣的人，就要主动和别人谈有趣的事，不要老是等着别人讲话。总是喜欢和人分享有趣事物的人，他的身旁必定有许多愿意倾听的朋友。不必刻意去搞好人际关系，能尊重他人，使人心情轻松，自然会受人欢迎。

（8）要让自己更平易近人，学会微笑很重要。在所有的沟通方式中，笑的感染力是最大的。

（9）主动向别人释放善意，对帮助过你的人致谢，告诉对方他们在什么地方帮了你的忙。或许这样主动向外求助，然后以感谢回馈的方式可以开启一个交友的良性循环。

（10）与人交流时，多听少说，倾听时要专注于对方所说的每一句话，让对方知道你在认真倾听，并且表现出你的确在乎对方的想法，在适当的时候坦诚地表达你的意见，渐渐地你就会发现很多人都会非常喜欢与你交往。

11

○ 问 开复老师，我是一个很容易受别人影响的人，因此也很在意别人的说三道四，似乎别人对任何一件事的看法都会在很大程度上影响我，这让我困惑不已。我想做一个更有魄力、有想法的人。我该如何让自己更有想法，在接纳别人看法的同时又不被别人所左右？

● 答 当我们自信不足时，内心的声音就会微弱，怕别人不接受、不认同自己，只好被别人的眼光、言语左右。首先，你必须培养自信。除了自信之外，如果想让自己做个更有魄力，更有想法的人，你可以试着用以下方法训练自己——

（1）学习自我肯定。把别人的说三道四摆一旁，肯定自己是独一无二的，也拥有独一无二的生命经验和眼光。

（2）争取机会表达自己的想法。要培养自己的见解、想法，做到有勇气将自己的思想大声地表达出来，这需要一定的时间不断练习。用举手或其他肢体语言让他人知道你想发言。如果别人都在说话，你感觉插不进嘴，那就等别人呼吸时把握时机插进去。试着从“我有些另外的想法……”开始，不要让他人打断你，不要让他人不理会你的意见。如果你被打断，你可以理直气壮地说“请让我说完”；如果你说了这句话还没有被理会，重复这句话。

（3）不要自动接受别人的看法。理解自己的原则，知道什么是不可放弃的，绝对不要同意不符合自己原则的事。你可以提出有建设性的、表示反对的意见，在尊重他人的前提下挑战他们的意见，从而表达你的看法；当然你也要倾听他人的意见，当别人正确的时候，诚恳地接受他人的意见。要知道对于任何一件事，每一个人的观点和想法都可能不一样。

（4）培养表达的技巧。多练习和对方目光接触，这会让你慢慢不那么胆怯，在别人眼里显得更有自信。讲话时少用那些拖泥带水的词，例如：也许、可能、会不会、如果、听说等；多用那些有魄力的词，例如：我认为、我希望、我要求等。你也可以去观摩辩论比赛等活动，学习从不同的立场思考和表达。

12

○ **问** 开复老师，我觉得自己的人际交往能力不够强，人际圈很狭窄，个人也没有什么特长，因此在社团里不知道怎么与其他人有效地建立起联系。我想请教开复老师，有没有什么实用的秘诀或者社交技巧能让我迅速地扩大自己的社交范围呢？

● **答** 你的问题和“我数学不好，有没有什么实用方法可帮助我”是一样的，答案也是一样，就是只有靠多做、从错误中学习、多练习交往来逐步扩大交往圈。

美国有一位知名的心理学家，从小因口吃而不敢与人交往，他后来强迫自己每天到公园主动和三个人开口聊天，用来克服自卑心理，也培养了自己与他人用口语进行沟通的信心。

社交技巧是为了完成某些社会性目标，能与人建立关系和共事的能力。这就包括口语能让人理解，文字书写清晰，对时间和财务的适当的管理能力，以及有同理心，能影响他人的能力等。社交技巧是一个相当广泛的概念，和特长无关，也没有速成的快捷方式。

我给你提供一点具体的建议：对同学再主动一点，再真诚一点，再热心一点，同时再多相信自己一点点，或许这么做会让你的困惑减少一些。

我认为，好的人际关系不需要特意地去建立或者维护，它需要的是平时的日常“积累”，时时刻刻都多为别人考虑。

我们身边人缘最好的人一定都是有特长、有智慧、热心助人、诙谐有趣的人。谁愿意跟一个内心苍白、个性乏味的人做朋友呢？因此，人跟人之间的互相认同甚至欣赏都要具备一个前提，那就是一个人首先要具备能够被别人认同乃至被欣赏的特质，如幽默、机智、博学、正直、尊重他人……这些特质难有一个统一的方式去获取，但如果一个人用心揣悟，去摸索属于自己的路径以提升自己的智能、修养和学识，这种方式比那些“交友秘诀”可能更有效。

每个人对于“用心揣悟”的方法一定都有自己的见解，我所能总结的有：

（1）学习别人的经验，同时自己亲自去积累。观察、总结你身边“人缘好”“会处世”的人在人际环境中如何对他人的态度做出反应，如何巧妙地表达自己对他人的尊重和真诚，怎样展示礼貌才不会显得客套做作，怎样表达赞成和不赞成的立场，怎样既不冒犯他人又充分体现自己的个性……你会慢慢发现，有的方法你可以模仿，有的行为你可能学不来，而有些方面你却可以比他们做得更好。

（2）通过读书、思考来提升自己的思维能力，丰富自己的思想。没有什么比智慧和渊博更能增添一个人的魅力。孔子说“友多闻”是益友的条件之一。

（3）建立或者加入一个社群，最好是基于共同兴趣的一个小群体。这种有共同兴趣的社群是最理想的学习人际交流的平台。

（4）放下身段，放开心胸地去给别人提供服务，找到你能够也乐于贡献的对象，为他人服务是一个培养人际能力和自信的最好渠道。

13

○ 问 开复老师，我现在总是感觉缺乏信心，不知道自己能不能把事情做好。我觉得自己离父母的期望太远，见到父母，我总是在猜想他们是不是在心里又把我和他们心目中的“完美孩子”相比而感到失望？虽然他们对我很好，但是我知道他们不满意我的成就。这么一来，我就越来越没有自信。在学校，有些同学也是常用异样的眼光看我，尤其在我表现不好的时候。我越来越郁郁寡欢，上课也不敢开口。我该如何提高自信呢？

● 答 你的心结在于你的家庭。一个孩子在成长阶段中，如果能够感受到充分的鼓励、包容、尊重，从父母师长眼中看到的是欣赏、肯定，他的自信就会慢慢茁壮成长。反之，他就会对自己充满怀疑、否定。这是父母或社会教育需要思考的，我们应该如何培养自信的孩子。中国很多年轻人长期受到这种贬抑，缺乏正向的互动。

要解开这个心结，我建议你直接去找你的父亲和母亲，诚恳地对他们说：“我不知道你们怎么看我，但我常常觉得你们好像对我不满意，而我感觉不到你们对我的赞扬，所以请你们告诉我你们认为我的优点有哪些。”有时你会意外地发现父母是“爱你在心口难开”，不会赞扬只会批评，其实对你的很多的好印象都放在他们心中。我也鼓励大家每天在起床或睡觉前，写下在这一天中自己做的足以被人欣赏的事情，比如“我欣赏自己准时到校”“我欣赏自己精神不好，还是努力上完课”“我欣赏自己主动去欣赏同学”，等等。

对于你和同学的关系，要注意自己的交友环境，看看你周围的人是经常鼓励支持你，还是故意给你泄气。

另外，你要确认自己是缺乏自信，还是性格上害羞内向。如果是性格上的害羞内向，你可以给自己设定一些目标去完成——例如每个星期交一个新朋友，每次讨论时发言几次等等。

如果不敢发言，可以在说话以前问问自己，最糟的情况是什么？讲错话的后果真的很严重吗？降低对自己的标准，练习在适当时候插入大家的谈话。如果看到自己有了一点一滴的进步，你就要高声为自己喝彩、为自己加油。

14

○ **问** 开复老师您好，在电视节目里看到您，主持人问您是否认为自己是人才，您的回答让我们感到您非常自信。我想问：您自信的标准是什么？您自信的力量来自哪里？怎么让这种力量一直保持，甚至影响您一生呢？

● **答** 自信是一种感受，我不认为有绝对的标准。如果我对自己的认识很充分，能客观评估自己的能力、状况，毫不迟疑地欣赏自己的长处，也开放地接受自己的不足，通过积极学习来拓展自己，这样你就有了自信，与他人的关系也会变得和谐。

我自信的力量来源很广，其中一部分来自于我的家庭。我的父母很开明，经常鼓励孩子，给我们自由发展的空间。但同时我的家教很严，妈妈要我们诚实，爸爸要我们谦虚实在，这些价值观奠定了我自信的基础。

自信不是绝对的，而是基于自觉的。当我知道我能够做到什么，我的自信就是一种基于理性的判断，而不是感性的自我膨胀。如果没有自觉，高估了自己的能力，以后你的每一个失败都会给自己带来很大的损失。所以你不要把自己的目标设定得高不可攀，要定在一个合理的位置。

建议你不要总是定太大、太长远的目标，而多给自己定一些小小的目标，一点一点达到后，不要忘了夸奖、奖励自己。渐渐的，自信就可以建立起来了。

15

○ 问 我是一名即将17岁的女生，比较开朗活泼，现在进入了高三，但我成绩不是很好。我觉得自己缺乏的是自控能力，被许许多多的事物迷惑，如电脑、电视等。其实我是一个非常不自信的女生，对自己总是缺乏信心，在许多方面，认为自己肯定不行。所以许多事情都眼睁睁地错过。但在别人心中，我是一个可爱聪明的女生，可我从不这么认为。我只觉得自己很笨，什么都不如别人，父母朋友经常鼓励我，而我还是这么认为。现在进入高三了，由于班上风气的原因，学习气氛也没有我想象中的那么浓烈。大家还是一如既往地抄作业，一如既往地上课睡觉，而我也是其中的一员。虽然我很想拒绝这些，可是自己还是毫无改变……

比如数学，几何、代数、三角函数虽然又从头开始复习了一遍，而我还是不懂。当别人问我想考什么大学时，我真的不知道从何答起，没有目标，没有梦想。这让我很茫然。因为我很喜欢新闻，所以我也想过考新闻专业。如果去做播音主持，自己觉得自己身高不够，长相不够好；如果做编辑，觉得自己文章写得不够好……考还是不考，这个问题让我犹豫不定。现在我看不到自己的前途。而离高考的时间只有不到9个月了，我该怎么做？

● **答** 其实这是所有高三学生都要面临的问题，是我们功利教育制度的悲哀：只重视结果不重视过程，学生的学习也是一样，但高考仍然是无法回避的问题。如果相信自己，即使失败了也可以再一次成功；不相信自己，即使成功了下一次也会失败。

有人说：高考是人生的转折点。我把这句话改为：高考只是人生表面上的转折点。生命的真正转折点是每一天每一个小时都在积累的东西。你今天遇到的所有问题，得到的所有结果，快乐悲伤，自信不自信，都不是偶然的，都是你以前的每一天、每一个小时积累下来的，是根植入于你身上的习惯。所以说，你身边的环境、周围的人是很重要的。每个人的成功都是独特的，你的开朗活泼就是你成功的重要基础。无论其他方面有什么问题，这个特点千万不要放弃。

自信是可以培养的。不要把每件事情都两极化，要不就学好所有的数学概念，要不就全部抄同学的答案。如果你的目标都是那么高不可及，那你一定不能达到。制定一些有点困难但是可以达到的目标，例如：每天专心读书半个小时、每天不懂的问题要课堂上或下课后发问、先从某一两门着手学习……当你达到目标后就会发现自己慢慢地建立起自信心了。

学数学就像盖高楼，如果你的地基没有打好，上面的楼是盖不起来的，所以如果你想学好数学，只有把以前没有读懂的课本从头自修。

要不要考大学，这点只有你能决定。在今天的社会里，大学文凭对一个人的未来确实有相当大的帮助，但是也不是只有大学毕业才能够成功。

如果决定要考，那就要专心而且下定决心去好好读书。九个月是有限的，如果你决定报考大学，你最好客观地计划一下，如何能最大化你的分数，这点由老师来指点最好。

16

○ **问** 开复老师，我想休学创业。大学生休学创业您赞成吗？开复老师，读大学没用是很多大学生所公认的，为什么您还总劝说学生别退学创业呢？当下大学教育水平如此低下，对于我们而言简直是浪费金钱和时间。我并不认为大学是走向成功的最有效途径。如果我去创业，我想我学到的一定比在学校多。最成功的创业人士——比如戴尔和盖茨都没有读完大学，为什么我要继续浪费我的时光？

● **答** 我认为在绝大多数的情况，同学们都不应该放弃大学学位去创业。或许从实例来说，有很多成功人士根本就没有读过大学。但是在今天的中国社会，无论对找工作或是创业而言，大学文凭都相当有价值，而且在大学校园也的确能学到很多知识。中国还有许多青年希望进入大学学习却不能实现，你却要放弃你的机会，这是很可惜的。

我并不是说一定要读完大学课程才能成才，实际上我认为博士、硕士课程对一个学生创业而言不会有什么直接的帮助。但是，大学阶段是一个人学习的最好机会，你周围的人都是一些优秀的人，可以激励你，而且校园是培养与人交流沟通能力的地方。大学期间是你的一生中属于自己的时间最多、可塑性最强的时候，你应该更专注于学习。另外，经过社团、交友、暑期工作、打工等经历，你都能够提高处理人际关系和团队合作的能力。这些对以后的创业或工作都是有用的，因为作为经营者，你需要很好地去和公司的员工进行沟通，并对他们进行管理。而且对于新成立的小公司来说，你更加要做好与客户之间的沟通，很多事情都是需要你自己来负责的。

除了管理经验、人际关系，创业还需要很大的时间和资源的投入，而且需要有商业头脑、知识、技巧方面都很成熟的领导者，这都是大学生所欠缺的，而且不可能只靠兴趣、自信和看书就可得到。一个没有工作经验、商业操作经验、创业思维的学生去创业，成功率几乎是零。比尔·盖茨和戴尔作为不念完大学却可以成功创业的例子并不适用于普通人。实际上，他们在读大学时已经多次创业成功，证明了自己的商业才华，也已创造了不少财富。甚至就在这种情况下，比尔·盖茨也不赞成退学创业，除非是碰到了千载难逢的机会。他总是说自己是一个特例，因为如果他不抓住当时的机会退学创业，那么整个软件行业的发展将被别的已存在的公司抢得先机。

创业也是很艰辛的事情，每1000个创业的人里只有1个能成功地创造出有价值的公司。

人的成功起源于很多因素，大学只是其中之一。如果我们客观、科学地来看，读大学的人在通往成功之路上绝对是占有更多机会的：我们假设世界上有10%的人读了大学，再假设世界上最成功、最富有的人里有10%没有读大学——据我所知，在美国应该远远不到10%，那么我们可以看到的是：读大学的10%的人得到了90%的成功位子；没有读大学的那90%的人反而要去抢那10%的成功位子。诚然，我们不能说不读大学就没有希望，但是从以上这两个数据我们就可以粗略计算出来：如果不读大学而又要获得成功，那将比读大学的人困难很多倍。

就算你已经从大学毕业，如果毫无基础我也不建议你马上去创业。创业需要很多的技巧、知识、人际关系等，没有工作经验会比较困难。赚足够的钱来养一个公司与拿薪水养自己的难度是不可比拟的。我建议你到能学到东西的大企业里，或者是一个优秀的创业型公司做一段时间，在那里，你可以有许多学习的对象，也能学到成功的公司是如何运作的，是什么样的文化让它取得成功的。

◎4岁时的生日

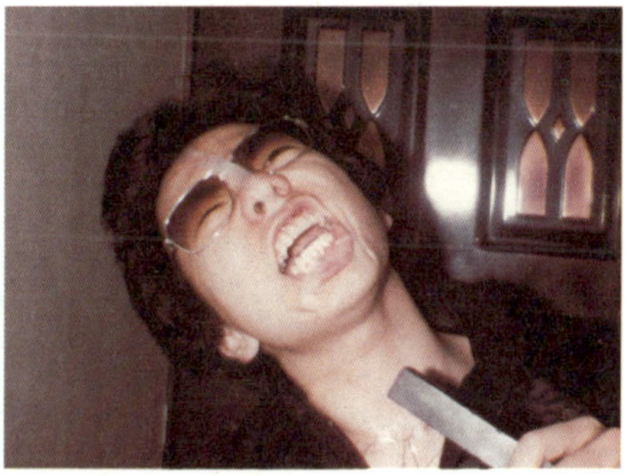

◎声情并茂模仿罗大佑

◎高中创办公司获奖

◎博士毕业了

1988：博士论文成为语音技术突破

The New York Times

How a Speech Recognition Computer Works

Talking to Machines: Progress Is Speeded

◎我的博士论文获得《纽约时报》报道

◎和妻子先铃

◎微软中国研究院创始人合影

◎和两个女儿的快乐时光

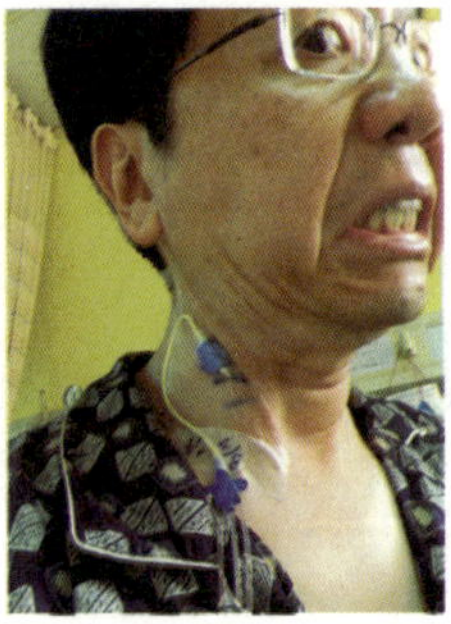

◎生病后还能自娱自乐

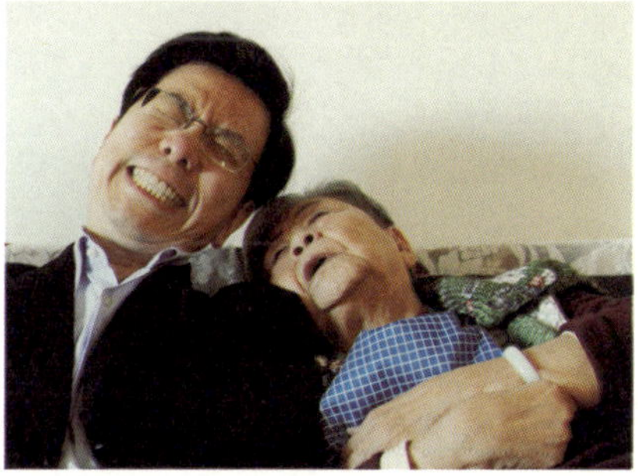

◎和母亲在一起就变成小孩子